万万想不到的地理

邢海洋　著

生活·讀書·新知 三联书店　**生活書店** 出版有限公司

图书在版编目（CIP）数据

万万想不到的地理 / 邢海洋著. -- 北京：生活书
店出版有限公司, 2024. 7. -- ISBN 978-7-80768-477-0

Ⅰ. P941-49

中国国家版本馆CIP数据核字第20241NZ021号

插画：分峪

责任编辑　杨学会
特邀编辑　王历炫
封面设计　赵　欣
责任印制　孙　明
出版发行　**生活書店**出版有限公司
　　　　　（北京市东城区美术馆东街22号）
邮　　编　100010
制　　作　北京金舵手世纪图文设计有限公司
印　　刷　北京启航东方印刷有限公司
版　　次　2024年8月北京第1版
　　　　　2024年8月北京第1次印刷
开　　本　635毫米×965毫米　1/16　印张13.5
字　　数　155千字　图8幅
定　　价　65.00元

（印装查询：010-64004884；邮购查询：010-84010542）

目 录

推荐序

王法辉

收到邢海洋的书稿时，正好是我去夏威夷参加美国地理学年会的前夜。夏威夷虽然也在美国，离我所在的路易斯安那州却很远，时差五小时，航程八小时多。这段航程给了我足够的时间看完他的书稿，并写这个简短的序言。

海洋是低我两届的学弟。他在校读书时，我们专业不同，他学自然地理，我学经济地理，接触不多。他家住北京，离北大不远。我留校在北大工作，通过一个共同的朋友而熟起来。那是80年代末90年代初，很梦幻的一段时间。他一个人住一个单元，有做饭的条件。我常骑车去他家聚，聊一些找不到北的东西。那时候我们什么都没有，就是有时间，有很多的时间迷茫。

后来我出国留学，毕业从教，忙于养家糊口，大家没有什么联系。很巧的是几年前回国，赶上他们年级入学30年在勺园大庆，我去找参加聚餐的老师们，我们又见面了。因为有了微信，相互关注对方朋友圈的更新，一下子觉得距离近多了。我看到一个慈父，陪着儿子探索世界，引导孩子的思考，培养孩子的理念，不像当今所谓带娃很"卷"，很清新的风气。

正因为如此，我想把他这本书定位于"亲子地理学"，是一个慈父陪着孩子成长，边在外工作、边教子育人的实践。主题是地理，是因为旅行在外，体会较大的离不了不同地方的风土人情之异。作者本人又是学地理出身的，自然而然用地理的视角去解读了。读者能够从书中感受到的，不仅仅是专注于某一地理现象的精准解释，而且将读者带到作者当时的场景，以作者当时的体验，生动地、通俗地分享给你。这让我这个站了30年讲台的人，想起教育学现在推崇的"体验学习"（experiential learning）的理念。其核心，就是学员只有在自己亲身体验的过程中，才能真正学好教学的内容。海洋这本书的每个章节，就是帮助读者营造这种身临其境的氛围，得到不在当时当地，但最接近当时当地的体验。

海洋在后记里分享他作为一个父亲所遇到的挑战，是我们很多做父母的共同的体验。怎么把孩子从手机和游戏机中抢回来呢？我也是多个孩子的父亲，经历的样本数应该比绝大部分国内朋友的多。我的体验和教训是，不在于你教孩子去做什么、不做什么，更重要的是你自己做什么，你和他（她或他们）一起做什么，尤其是后者。比较能长时间在一起做事的，莫过于周末或假期和孩子们出行。只有那时，大家时空一致，又拥有了对方的注意力，体验旅途中的经历，交流彼此的感受，应该也是一家人最亲近的时刻。

海洋的这本书，当然不是地理百科全书。后者很容易，百度一下就可以了，何况而今又是AI的时代。他的这本书，分享的是他对某个地理问题的个人体验。读者能够获取的，也就是一种再体验。这让我回想到自己的童年，在湖北乡下度过的日子。那时别说没有手机，就是收音机可能也只是村长、村会计家才有。夏天的夜晚，我最难忘的就是去听一个本家的爷爷说古。这位爷爷口吃，每每讲到精彩时刻，他因为很投入、身临其境，于是越来越结巴。我早已被他带入意境，更是急得跳上跳下。有一次我情不自禁地叫道，您要是不结巴，早讲完了！气得老爷爷一下子从乘凉的竹椅上跳起来，满村追着我打。

愿读者在阅看这本书时，思绪也能跟着海洋，穿星过月，登山越水。要是有幸重游他讲过的地界，验证一下他的体验，又是何等惬意。如果同行的问起相关的地理问题，你的回答准备好了吗？

2024 年 4 月

* 王法辉，美国路易斯安那州立大学教授、研究生院副院长，Cyril&Tutta Vetter Alumni 冠名教授。

自序
读书、行走和书写，三位一体的快乐

2021年冬天，我在华北大平原上追寻大运河的踪迹。在高速路上开车，庄稼收割了，树叶落了，路边的所有景色都是一样的。有时候错过了路口，不得不兜着圈子往目的地赶路，仍然感觉不到有什么区别。晚上做笔记，记录一天的见闻，乏善可陈，有点小失望。可突然想到，华北平原这样单调、这样平面，难道不正是黄河这条含沙量世界第一的河流的杰作吗？

想象远古的中华大地上，在今天洛阳的位置有一条挖沙船，它从黄河中游的黄土高原吸沙，再把夹带着泥沙的水流喷射到下游。挖沙船在围海造田的时候，沙水洪流都是向前甩动喷出的，船的前面就形成了扇面状的土地。一般河流出山都会淤积出洪积扇，黄河泥沙多、水流大，自然状态下一定是不断摆动淤积的，黄河下游平原的形成，其实可以用一个物理模型来重现。

而黄河出山口正对着的便是山东丘陵地带，挖沙船吹出的沙子一定会在这里堆积出一个沿山的裙带。想到此，黄河的多次溃堤换河道，大运河的制高点南旺分水岭处在山东西部的丘地上，一切的一切，使萦绕在心中的谜团顿时迎刃而解了。那一刻真是狂喜，于是赶紧查找资料，发现黄河下游平原的堆积层最厚达到5000米，最浅处也有七八百米。当时真想放下记者的工作，直接去读个博士，把黄河当成一艘挖沙船去研究。

在单位提起这件事，主编李鸿谷说，三联出钱，你去调研吧。写完大运河，下一个选题黄河于是定了下来。

冬天等到春天，春天等到夏天，又一个惊喜出现了。

疫情期间不得堂食，我常到一个小饭馆里去打饭。生意寥寥，老板娘常对着视频跟家乡的孩子聊天，有时候还要在一张纸上写字辅导孩子功课，扫码付款的时候，眼睛瞥到了信纸的抬头，"永济市信笺"。"永济"两个字在脑子里盘旋着，盘旋着。终于有一天，我直奔书架，打开《西厢记》："碧云天，黄花地，西风紧，北雁南飞。晓来谁染霜林醉？总是离人泪。"

长亭送别的景象突然出现在了眼前。崔莺莺送别张生的故事不就发生在黄河岸边的永济市吗？张生和崔莺莺的相遇，看似是一对青年男女的偶然相逢，我却想探究为什么故事发生在黄河岸边的普救寺里。黄河与一段经典的爱情故事在我的脑海里相遇了，如同王国维所提到的第三重审美境界——众里寻他千百度，蓦然回首，那人却在，灯火阑珊处。

因为拿不定这是否可以作为一个地理类题目的切入口，我的刹那之念还只是一种隐秘的、悠然升起的快乐。直到不停地查资料，自我演绎、头脑风暴，想到了黄河岸边古刹、繁华千年的蒲津古渡、作为世家大族的河北博陵崔氏与《莺莺传》的作者元稹在那个年代可能的际遇，万年黄河与盛世唐朝，举国之力兴建的黄河浮桥与安史之乱后唐人从豪放到内敛的心态变化，1200年前的场景像拉洋片一样，一幕幕从眼前掠过。真是"山重水复疑无路，柳暗花明又一村"。

今年我55岁，屈指算来，自从28岁入职三联至今已经27年了。平淡无奇的职业生涯眼看要画上句号，却不料，写稿子也突然体会到了从没有过的感觉，又想不到的是，快乐不是一时一事，而是能不断重复多点爆破，真是要感谢这份有趣的工作。

其实我一直是写财经的，写多了不免倦怠，就没那么多的感觉了。转机发生在微信公众号的小伙伴得知我学地理出身，向我约沙尘暴和花粉过敏的稿子。30多年前，我们就跟着老师到内蒙古的大草原上观察土壤、观察植被，到三北防护林带的林场里调查水土保持状况。当年学习自然地理，总觉得这个专业学的知识驳杂泛泛，就像万金油，什么都知道，可什么都不精通，但现在居然派上了用场。记忆如潮水涌出闸门，对自然的观察、对历史的喜爱，一下子在地理勘察中有了现实的意义。

当看到有读者留言，"上学的时候怪不得没学好地理，原来是没碰到好的老师啊"的时候，想到我的小孩橙子也正处在求知欲爆棚的"十万个为什么"阶段，我尤其感到紧迫了。离开自己的专业已经太久，久得眼看就要错过，四年国内最好的地理学教育，两年海外的深入学习，如果不赶紧利用起来就都浪费了。我没能在这个专业上走得更深，做做普及工作也不算白学！

带着这样的紧迫感，我踏上了西北大地，全球气候变化中西北的暖湿化显得尤其突出，我试着从中寻找切入口，用一条旅行线路呈现出气候变化对大家的影响。我去西安看大雁塔，大雁塔曾因为地下水过量开采而倾斜，现在恢复了；去看泾河和渭河的交汇处，因为环境变化，泾河水和渭河水曾经多次清浊互换；到山西和内蒙古交界的杀虎口，那是当年内地人逃荒去往口外的必经之处，如今，口外的庄稼长得比口内还旺盛。

写了将近30年的财经专栏，总算又触碰到自己的专业。想到自己曾经在美国和墨西哥交界的奇瓦瓦沙漠里测定土壤里的碳含量，在全球变暖的基础研究中做着最底层却实实在在的工作，时代的洪流中，你不知道自己如何就变成了现在这个模样。但当记忆被唤醒，我仿佛又回到了未名湖畔，尽管课本都找不到了，还是特别渴望去重温彼时学得并不扎实的知识，去追踪一下学科发展的新动态。

当同事们写生命大灭绝的时候，我忍不住也加入了，用到的甚至是上学时没能理解透的知识。30年后重温，越发亲切，我也有了更深刻的认知和感悟。不断学到新知识，步履不停地行走，我由衷地感到幸运与幸福。也希望通过自己的文字，把知识和思考传达给读书的你们，让行走变得更有趣。

2021年7月

1

Part

从外太空看地球

太阳系最高的山

全书开篇，让我们开门见山，先来问个小问题，一个离我们地球有点远，但也不是太遥远的，关于山的问题。我们知道地球上最高的山脉是喜马拉雅山脉，那么，太阳系最高的山是哪一座，又处在哪个行星上呢？

你可以在网上搜索答案，实际上我也是这样来确认的。但在揭晓答案之前，我特别想要大家跟着我做一个推理，推测可能的结果。我们认识世界，最快乐的难道不是靠着观察、思考和分析，积累知识并培养出思考的习惯，再放飞想象力的那一刻吗？

要回答这个问题，首先得做这样的推理：既然是山，肯定存在于固态的星球上，太阳系有八大行星，靠近太阳的四颗是固态的，是和地球类似的岩石球体，也叫作类地行星，离太阳由近及远分别是水星、金星、地球和火星。剩下的四颗即木星、土星、天王星和海王星，是气态行星，这里就不考虑了。

八大行星之所以分为固态和气态两类，要从太阳系的形成说起。太阳系产生于混沌之中，这里面的物质以化学元素中最轻的氢为主，只有极少量的重元素。46亿年前一片巨大分子云中的一小块发生引力坍缩，绝大多数坍缩的质量集中在中心，形成了太阳。初生的太阳向外释放出强烈的太阳风，把近处的气体吹向远方，只有比较重的固体尘埃可以留下来。打个不是很恰当的比方，这就如同我们对着沙堆打开鼓风机，留下来的都是比较重的石块，吹到远处的则是颗粒细小的沙子。然后这些混沌的物质形成了围绕太阳旋转的行星盘，行星盘里的物质在引力的作用下就近聚集，继而形成了行星、卫星、陨星和其他小型的太阳系天体系统。

我们再想一想地球上的山是怎么形成的。火山是岩浆喷发堆积出来的，但地球上那些巍峨的大山却是地壳在相互碰撞挤压中"挤"出来的，青藏高原就是由印度洋板块挤压亚欧板块而隆起，处于碰撞最前沿的喜马拉雅山脉的珠穆朗玛峰因而成了世界第一高峰。但凭着直觉，我们也知道任何山峰都不可能无限"长高"，山体有着巨大的重量，太高也意味着太重，要支撑起自身的重量就得有坚固的支架，也就是结实的质地，还得有厚实的基座。

实际上，地壳是浮在"液体"上的。这里不妨回顾一下地球的"冷却"史，地球在形成之初是一个极端炽热的熔融状态的"液体"大火球，如果那时我们有幸在太空俯瞰地球，看到的可不会是一颗蔚蓝色的美丽星球，而应该是一颗如同火山里流淌出的红色岩浆般的大"液滴"。这个球体是"液体"的，液体怎么可能有高山？顶多是陨石砸进来激起的"水纹"吧！这个"液滴"还围绕着"地轴"高速旋转，因此是一个赤道面略微鼓起，南北极稍有缩进的椭圆形球体。

后来地球逐渐冷却，在冷却的过程中，重的物质向内核聚集，轻的浮到外层，地表形成了岩石的外壳，这就是地壳。地壳下面则仍是熔融状态的、高温的地幔。就如同海冰浮在海水之上，实际上地壳是浮在地幔之上的。大海上漂浮的冰山，我们看到的都是冰山一角，绝大部分隐伏在水面以下。那么，地幔上的地壳显然也不能摆脱重力的作用，要由足够多的隐伏在水面下的部分"托举"着。

我们因此推断，印度洋板块再火力十足地"冲撞"，喜马拉雅山也不可能无限地"长高"，其高度一定会有一个极限。当然，这有赖于科学家去计算了。

讲完地球上的山体形成，我们再回到水星、金星、地球和火星四颗类地行星。

我们知道，引力与质量成正比，火星质量更小，在地球上100千克重的宇航员到了火星就只有38千克重了。水星的核心含有丰富的铁，太阳系中它的密度仅次于地球，重力和火星相仿，但由于个头太小、离太阳又近，白天赤道上最高温度超过420℃，所以它并不在人类打算移居的星球之列。

在四大类地行星中找寻一座最高的山峰，于是我有了大致的想法：这个星球最好小一些，引力小，山便能"长"得更高；密度最好也小一些，原因同上；它最好离太阳远一些，固、液、气三态中固态成分更多一些，更有力气托举起山体。当然，这些都是比较简单的推测，并不是科学的推断。

> ### TIP
> ### 类地行星
>
> 又称地球型行星或岩石行星，指的是以硅酸盐岩石为主要成分的行星。太阳系的四颗类地行星中，地球直径12742千米，是太阳系中体积和质量最大的固态行星，同时还是太阳系密度最大的星球；金星的大小和地球相似度最大，直径12104千米；水星则是太阳系最小的行星，直径4880千米；火星介于金星和水星之间，直径6779千米。

耐心读到这里，是时候公布答案了。太阳系已知最高的山，是火星上的奥林帕斯山，它是盾状火山，顶峰高于基准面21229米。19世纪时，地面望远镜中的奥林帕斯山是一个明亮的亮点，被天文学家命名为"奥林帕斯山之雪"。而火星，正是四大类地行星中个头较小、密度最小，同时离太阳最远的一颗。

奥林帕斯山之所以这么高，我想既和火星的大小、火星内部的结构有关系，也和火星冷却过程中的地质活动有关系。我们没有标准答案，有的是面对一个现象，可以互相切磋，在一步步诘问中会心一笑的愉悦。

12000米的喜马拉雅山

上一节，我们讲到太阳系最高的山是火星上的奥林帕斯山，我想大家一定和我一样，带着探究的心理又在网上搜索了一下。于是更迷惑了，网上有两种答案，一种是奥林帕斯山最高，还有一种是灶神星上的山峰比奥林帕斯山还高一点，这是怎么回事呢？

我想还得从冥王星被除名讲起。2006年，国际天文学联合会宣布冥王星不再属于行星系列，它被降级成了矮行星，太阳系也不再有九大行星，只有八大行星了。

国际天文学联合会依据的是什么呢？他们给行星做了定义，定义分为三条，每条都符合才称得上是行星。第一条当然是绕着太阳公转；第二条则是自身的引力能使星体呈球形，用更学术化的字眼表述是——天体有足够大的质量来克服固体应力以达到流体静力平衡的形状，也就是近似于球形；第三条是天体清空了它的轨道，也就是独霸了一个环绕太阳飞行的轨道。处于柯伊伯带的冥王星轨道上存在着很多天体，证明冥王星没有清除轨道上其他天体的能力，于是乎冥王星出局了。

有了行星的三大标准，我们再来看灶神星。灶神星是处于火星和木星之间的小行星带中的一个天体，比月亮要小，但是在小行星带中算是大个头。它的平均直径有525千米，形状似乎已经受到重力的影响而呈扁圆球体，但是大的凹陷和突出使它被国际天文学联合会大会断然排除在行星之外。很遗憾，灶神星连第二条都没通过，更不用说第三条的独享轨道。

正因如此，把它上面的凸起说成是山，就仿佛你指着一块大石头上边的棱角非要命名为山一样，我想是不科学的。这也是为什么太阳系最高的山是火星上的奥林帕斯山。

对于什么是山什么不是山，没有普遍接受的定义，高度、体积、坡度、与其他山的间隔及连续状况都曾用来作为定义山的标准。在汉语字典中，山的定义是"地面上由土石构成的隆起的部分"。所以当我断定奥林帕斯山是山而灶神星上的凸起不是山的时候，也是主观的。

既然这次讲的还是山，我们还是说说地球上最高的山喜马拉雅山吧！

小时候你一定玩过堆沙子的游戏吧？我们尽可以像沙漏一样往沙堆的顶尖上撒沙子，堆着堆着，沙丘就"长"不上去了，而且到了那个极限高度，沙子还特别容易从顶上滑落下来。大家也一定玩过叠罗汉的游戏，趴在最底下的人，开始还信心满满插科打诨，活力十足，可上面人多了，底下的该被压哭了。

一位英国科学家韦斯利夫计算过，地球表面山体海拔的极限高度为21.7千米，超过这个高度，山体的重量就会把它底部的岩石压变形，这些石头的晶格结构会因此受到毁灭性破坏，山体必定崩塌或不再增高。

典型的角峰——珠穆朗玛峰

自然界同样存在着使山变矮的力量。除了地质构造的沉陷、山体的垮塌，风蚀风化等来自外界的力量也会使山体"矮化"。

当你凝视珠穆朗玛峰的时候，有没有发现它就像金字塔或者纪念碑的顶端，四周陡峭、顶峰兀立。这种地貌形态被称为角峰，是由几个冰斗围成的山峰。

珠穆朗玛峰就是典型的角峰形态，高出冰斗底部300米。由于它海拔太高，水已经不能以液态存在，而是转化为雪和冰，冰雪在山顶层层压实，向下流动，形成冰川。冰川运动对山地进行侵蚀和刨蚀，使得山峰的四周形成陡峭的崖壁，而峰顶则相对突出。角峰崖壁坡度很大，一般超过60°。

在珠穆朗玛峰的成长过程中，遭遇过并正在遭遇大规模的冰川侵蚀。经年累月，冰雪的力量把山体塑造成了如今纪念碑的模样，纪念着板块碰撞和外力持久而坚韧的侵蚀作用。

至少在目前，地球上连超过9千米的山都没有。在印度洋板块的挤压下，喜马拉雅山的确是在长高，2005年测得珠穆朗玛峰的高度是8844.43米，2020年底测定的高度为海拔8848.86米。据测算，珠穆朗玛峰在以平均每年1.27厘米的速度不断增长，数万年后，它的高度有可能达到1万米。

不知你是否去过那儿，心肺还没有发育成熟的小孩子最好不上那么高的海拔。我也没去过，也是通过照片观察的。当我们看珠穆朗玛峰的照片时，是否注意到它的顶上有着一层一层水平方向的纹理呢？如果看到了，恭喜你，你是个善于观察的人。针对这一现象，我们再进一步思考，什么情况下岩石会呈现水平分层的结构呢？这里我先告诉大家，这是沉积岩特有的现象，后文还会详细讲到。有沉积岩存在，意味着这里曾经是一片大海，也的确如此，在距今5亿年前的远古时代，喜马拉雅地区曾是浩瀚海洋，直至6000万年前的古新世晚期才因板块挤压而抬升，成为地球上最年轻、最高大的山系。在绵延2500千米的巨大弧形山系中，孕育了世界之巅——珠穆朗玛峰。

如果我们的脑筋不转弯，这6000万年中，喜马拉雅山似乎一直在长高。可实际上，地质学家在珠穆朗玛峰地区采集到了拉伸变形的岩石样品，经过分析测算发现，1300万年以前，珠穆朗玛峰的高度可能比8848米要高出很多，曾经超过12000米。喜马拉雅山北坡有一个巨大的断裂带，当时不只是珠穆朗玛峰，而是断裂带上的所有山峰都发生了大崩塌，珠穆朗玛峰从12000米塌到了6000米以下，后来又逐渐抬升到现在这个高度。这也正说明当时这一地带隆起的高度实在太高，对地壳负荷压力极大，以至于最终崩塌。因为地球是个球体，各方向引力应该保持平衡，过高的珠穆朗玛峰破坏了地球的重力平衡，才出现了崩塌。按科学家的说法，地球上的山高过1万米就很脆弱了，稍有风吹草动就可能引发连锁反应，塌下来。

科考队是怎么计算出珠穆朗玛峰曾达到12000米的呢？他们发现珠穆朗玛峰北坳层岩石的拉伸率为150%左右，科考队队长丁林院士打了个比方：一个边长为1的正方形，如果长度拉伸为1.5，就意味着高度会减少为原来的0.67。现在珠穆朗玛峰北坳层所在8000米的高度，在1300万年前应该是11900米，再按照珠穆朗玛峰长高的速度，可以计算出当时山峰垮塌到的位置。这个计算，是否就像我们平时做的数学应用题一样呢？

大气中的二氧化碳去哪儿了?

中科院天津工业生物技术研究所的科学家用二氧化碳人工合成了淀粉,这真是让人兴奋无比的消息,不靠光合作用便能生产我们赖以生存的粮食,这是破天荒的第一次。并且,植物的光合作用需要有60多种反应,科学家设计的反应只用11步,效率比自然界高好几倍。相信用不了多少年,工艺流程就会成熟,工业生产食物的时代就要来临,几千年来"农民+农田"的传统生存模式将被取代。我无意讨论是喜是忧,只是感叹技术发展之速。

光合作用是指植物利用阳光的能量,将水和空气中的二氧化碳转化为有机物并释放氧气的过程。光合作用将无机碳(CO_2)转化为有机碳(CH_2O),产生碳水化合物。通常,我们将产物简化为葡萄糖。

光合作用的机制和过程太复杂,这一领域的研究已经产生过好几个诺贝尔化学奖,我可没能力讲清楚,还是讲讲大气中的二氧化碳吧!

地球上的大气,其成分经历过三代的变化,从最初宇宙尘埃式的气体到熔岩喷射伴生的气体再到现代大气。地球形成之初，火山喷涌，岩浆里裹挟着大量甲烷，与氧气反应生成二氧化碳，大气里二氧化碳含量是非常高的。可现在地球大气中二氧化碳的含量是400ppm，也就是百万分之四百，我们就已被温室气体困扰得受不了，那地球早期的二氧化碳都去哪儿了呢？

我们的邻居金星，也叫太白星或启明星，就是地球二氧化碳失控后的最好写照。金星的体积跟地球相仿，在太阳系中再难找到外在条件与地球如此相似的星球了，因此金星被称为地球的姊妹星，曾带给科学家们美好的憧憬。带着美好的愿望，当美国人登陆月球时，苏联就发射了探测金星的着陆器。

当地球大气中的二氧化碳过少

如果大气中二氧化碳过少，地球会不会不保暖？

其实，地球有过多次"冰冻"经历。第一次冰期发生在距今24亿—21亿年前的古元古代，持续了3亿多年，其间，整个地球都被厚厚的冰层覆盖。第二次发生在距今8.5亿—6.3亿年前的新元古代，冰期先后持续了近1亿年，地质学家称那时的地球为"雪球地球"。这两次持续时间长且彻底封印地球的冰期，都和大气成分的变化有关。

据推测，第一次冰期或由于蓝藻大量繁殖，光合作用旺盛，空气中氧气含量爆发性增高，空气中的甲烷被点燃，生成二氧化碳和水；光合作用又进一步消耗了二氧化碳，最终使得温室气体几乎绝迹。而第二次冰期前，剧烈的火山活动释放大量的二氧化碳，海洋中的蓝藻极度繁殖，光合作用导致的大氧化事件再次发生。

自然，"解铃还须系铃人"，地球被封冻，板块运动被阻滞，地球内部的热量难以释放，积聚久了火山便大规模爆发，又会带出温室气体。

那些金星探测器，有的还没登陆就折损了，发回的消息更是让地球人大吃一惊。金星的表面温度高达四五百摄氏度，球面的大气压是地球的92倍，相当于近千米深的海洋底部的压力。金星的空气是如此地浓稠，飘浮的云彩居然是硫酸云。另外，空气的主要成分就是二氧化碳，基本上没有水汽。

金星何以成为地狱般的星球？就是因为大气中的二氧化碳太多了，含量占到了约97%。我们知道二氧化碳是温室气体，太阳光里的短波辐射可以径直穿过，可星球表面反射出的长波辐射就被捕捉住了。相对于金星，地球大气中不足千分之一的二氧化碳含量，既给我们保温，又避免了持续加温，使得水主要以液体状态存在，构成生命存在的理想环境。

金星离太阳更近，太阳的辐射强度是地球的1.9倍，这就决定了它上面即使有水也很容易蒸发。太阳系形成之初，太空中飘满了给行星"送水"的彗星，水的供应是很充足的。那时的太阳也比现在暗很多，金星也有条件形成海洋。有了液态水，二氧化碳就会和水发生反应，再与地壳内的钙离子反应形成碳酸钙。我们去桂林看漓江山水，行走在青石板铺就的古镇小巷里，那些石板都是二氧化碳变来的。二氧化碳要变成碳酸盐，液态水是先决条件，金星的倒霉之处就在于随着太阳变亮，金星上面的水蒸发到大气中，又被太阳风吹走了。

除了距离太阳更近，金星的地狱之旅还可以从一次偶然事件得到解释。大约45亿年前，一颗火星大小的天体撞到了地球上，分异也由此开始——那颗巨大的天体撞上地球，炸出了如此多的残渣，地球的地壳都变薄了，飞出去的物质在太空中聚合形成月球。月球的密度和地壳基本相同，就是这个原因。

巨大的天体撞击，还给地球带来了旋转的角动量。那时候地球的一天只有五个多小时，可谓转得飞快，地核内部流体状的铁也飞速旋转起来。我们知道，铁的对流运动产生电流，电流形成磁场，正是地球的磁场保护了地球大气免受太阳风，也就是带电粒子流的侵害。金星的问题就是转得慢，没有强大磁场的保护，温度本来就很高，水蒸气分子被太阳风电离成氢气与氧气，氢气散失在茫茫的宇宙中，氧气回到地面，改变了那里的氧化还原环境，产生了越来越多的二氧化碳。温室效应下温度再上一层楼，封锁在岩石里的二氧化碳也被释放出来。

　　缺失了一次致命的撞击，金星也就没有卫星，没有潮汐力。还因为没有水的润滑和按压，也没有板块运动，内部积累的能量全靠火山来释放，于是金星表面有数十万个火山在喷发，表面上流淌着灼热的岩浆，活脱脱一幅地狱景象。

　　有时候被撞了一下，我们总会想伤筋动骨真够倒霉的，可塞翁失马，焉知非福。

　　后来，大约35亿年前，地球上最早的光合放氧生物出现了，那就是蓝藻。它们进化出光合作用的特性，在海底形成巨大薄层，吸入二氧化碳，释放氧气。由于蓝藻及部分细菌不断进行光合作用，大气层的二氧化碳含量下降了，氧气的比例则直线上升。氧气多了，地球形成臭氧层，臭氧层阻挡了危害生命的紫外线，生物得以从海洋中转战陆地，一个生机勃勃的星球展开了美丽的图景。通过光合作用，植物将大气中的一部分二氧化碳固定下来，乃至储存到煤炭里，或者通过

> **TIP**
> **蓝藻**
>
> 也叫蓝绿藻、蓝绿菌，区别于真核生物中的藻类，蓝藻是一种通过光合作用产氧获取能量的大型单细胞原核生物。

食物链上升到动物的身体里，再在特殊的机缘下变成石油储存下来，从而形成了碳的掩埋。

可以说，如果地球没有生命存在，就不可能有碳的循环，也不会有煤炭、石油的大规模埋藏，也就不会有人类工业革命后的大规模开采利用，把旧有的"窖藏"一下子全拿出来短时间内挥霍掉，从而打破了碳循环的平衡，引起气候变化上的一系列问题。

可以说，地球与太阳不远不近的距离，对我们是何等幸运的一件事，以至于被"撞"了一下都可以说是因祸得福。如今，光合作用之外，科学家们发明了全新的碳循环的方法，有望改写地球35亿年的碳循环模式，奇迹之外，又会有新的奇迹发生。

地球如何换"地板"？

为什么火星上有如此高的火山，而地球上没有？除了因为地球的引力更大以外，一个解释是火星的地壳没有板块运动，星球内部积聚的能量无法一点点释放，只能憋着，憋不住了就发个"大脾气"。现在火星空气稀薄，也没有水，外力的侵蚀作用很小，所以火山能够保持最初的样子。

地球上的火山不只少，喷发力度也很微弱，就是因为地球内部的能量可以通过板块运动持续不断地释放出来，用不着憋个大的。

板块运动又是如何释放能量的？这还得从"大陆漂移说"讲起。100多年前，德国的气象学家魏格纳因病卧床，床的对面是一张世界地图，他对着地图看，看着看着看出了门道：非洲西岸与南美洲东岸的轮廓线十分相似，可以拼合在一起。魏格纳灵机一动，世界上怎么会有这么巧合的事，难道它们原本就是一整块大陆，后来才分开了？于是他写了一本《海陆的起源》，把他的猜测发表出来。

大陆漂移说不是魏格纳的原创，此前几百年，英国哲学家弗朗西斯·培根就提出过南美洲和非洲曾经连在一起的可能性。但魏格纳是第一个提出假说并予以严谨论述的，他的著作加速了大陆漂移说的传播，只不过最开始引来的更多是"权威"人士的嘲讽。后来，地质学家证明了北美洲和非洲、欧洲在地层、岩石、构造上遥相呼应；古生物学家还发现，大西洋两岸的古生物群具有亲缘关系，如巴西和南非的地层中均含有一种生活在盐湖里的爬行类动物中龙的化石，而迄今为止世界上其他地区都未曾发现。20世纪60年代，海底扩张学说的提出才使大陆漂移说成为立得住的学说。

难道陆地能在海上漂浮移动？我想即使是100年前的人类也不会天真到这个份儿上。那时候地质学家们已经知道组成地壳的岩石成分是不尽相同的，魏格纳于是提出，大陆由较轻的含硅铝质的岩石（如花岗岩）组成，它们像一座座块状冰山一样，漂浮在较重的含硅镁质的岩石（如玄武岩和橄榄岩）之上，并在其上发生漂移。实际上，海洋洋底就是由硅镁质的岩石组成的。

即使两种岩石成分不一样，难道它们不是通过分子力紧密地联系在一起吗，怎么会产生相对运动呢？那时候的化学科学虽然没有现在这么发达，魏格纳一定也面临着这样常识层面的问题。就像我们讲到喜马拉雅山如果太高的话，底部岩石可能会被压得晶格变形液化，当时要是有这个深度的认识，魏格纳一定很高兴。可惜的是，在他那个时代，如何漂移起来太难以解释了。至于漂移的动力来自哪里，他倒是提出了一个似是而非的想法：地球不是自转嘛，自转就会产生离心力，地球表面物体的离心力可以分解为两个方向，一个垂直于地面，一个沿着地平面指向赤道，这就是所谓的离极力。可因为自转的离心力，地球的形状并非标准的圆球形，而是赤道微鼓的椭球体，离极力早已成为塑造地球形状的力量，地球也以自身的形状抵消了离极力，所以说魏格纳的假设似是而非。

非洲和南美洲都是向着东西方向分开的，地球上的大陆也是北多南少，种种现象都表明，魏格纳的解释是有问题的。

写到这里，我有了一种奇妙的感觉，仅仅100年间，我们对世界的认识有了多么大的飞跃！我的爷爷辈若听到喜马拉雅山还能长高的消息，一定感到不可思议，因为那个时候流行的是"海誓山盟"；到了我爸爸妈妈那一辈，"海枯石烂"就是常识了；而今天这一代人，对"沧海桑田"的认知要比父辈透彻多了。

揭开板块漂移动力的第一步是声呐技术。德国化学家弗里茨·哈伯发现海水中能提取出黄金，于是建议政府派遣科考船到大西洋上测量黄金的含量。哈伯的船在大西洋上转了一圈也没找到含金量高的海域，就在资金快耗尽时，一种叫作"回声探测仪"的新发明问世了，他赶紧在船上装了一台，改进寻金方法。可想而知，金子没找到，却意外发现了纵贯于整个大西洋中部的海底中央山脉，也就是大洋中脊。随后人们又在其他海洋发现了大洋中脊，这些样貌类似的山脉连绵8万千米。

人类制作出深潜器后，大洋中脊的神秘面纱进一步被揭开：灼热的岩浆从那里冒出来形成新生的地壳，推动板块向着两边移动。原来，非洲和南美洲分开是因为在它们中间生长出了新的地壳，这些新生的地壳密度比陆地的地壳更大，也就更沉，同时也更薄一些，海水自然也就填满这片地表相对低洼的地带。

海洋的"地板"重，当与较轻的大陆"地板"相撞，海洋地壳下沉而大陆地壳上抬，喜马拉雅山就是这样被顶起来的，马里亚纳海沟也是如此这般俯冲到地壳深处的。海洋地壳由此完成了从灼热的熔岩状态"闪回"到熔岩的循环，只不过这场"表演秀"出场一次就得两亿年。可与大陆地壳比起来，海洋地壳也是地球上最新的"地板"，毕竟，大陆地壳动辄有10亿年的历史。

大陆在漂移，这让我不由做了个思想实验：在空间站里飘浮着一颗巨大的水滴，如果我们捉几只蜉蝣——那种在水面上蹦来蹦去却不会沉下去的小昆虫——放到水滴上，两只蜉蝣一旦相遇就只能互相挤在一起游动，最终会是一种什么情形呢？就如同一块粘蚊贴能保一个房间的平安，假以时日，一定是几只蜉蝣都粘在了一起。事实上，按照现在的漂移方向和速度，两亿年后地球上的陆地是要挤到一起的。

问题是，在地球几十亿年的历史进程中这是第一次"分久必合"吗？魏格纳就测算过，在古老的二叠纪时期，全球只有一个巨大的陆地，他称之为泛大陆，或联合古陆。两亿年前超级大陆分开了，逐渐分裂成现在的样子。原来我们的五大洲也是"合久必分、分久必合"，至于背后的原因，科学家们仍在摸索中。一种看法是当地球表面没有超大陆时，地幔对流可能倾向于在一个半球上升，在另一个半球下降，陆块都被地幔流推向下降的半球，形成超大陆。而当超大陆形成之后，由于这里的地壳太厚，下降流转变成环绕超大陆的俯冲带，使得超大陆下面的下降流变为上升流，促使超大陆分开。

其实，大陆内部也不是铁板一块，东非大裂谷一带正在发生的就是陆地分裂的过程。

除了照明和怀乡，月亮还有什么用？

提到月亮，我们总会想起李白那首《静夜思》。风花雪月中，古代诗人写得最多的是月亮。古人抬头望月，既有"千里共婵娟"这样对亲人朋友的思念，也有"今人不见古时月，今月曾经照古人"这样对永恒的感悟，世界上的人换了一代又一代，但月亮却是古今相同的。

这个亘古不变的"白玉盘"，除了给夜晚带来光亮，还有什么隐秘的功能？大陆漂移，地球上的板块运动还能和月亮扯上关系，神奇不神奇？

有一次我问儿子橙子："你猜，是太阳的引力大还是月亮的引力大？"说话的时候我正在网上查找地月距离、地日距离、月亮质量和太阳质量等资料，准备用万有引力公式算一算。没想到橙子一句话打消了我算下去的兴致："当然是太阳引力大，地球绕着太阳转又没绕着月亮转。"满脑子物理公式的我瞬间完败于孩子的直觉。

可为什么我们普遍认为潮汐是月球引力作用的结果呢？想了半天，总算想出点头绪，潮汐力的本质是地球近月和远月（近日和远

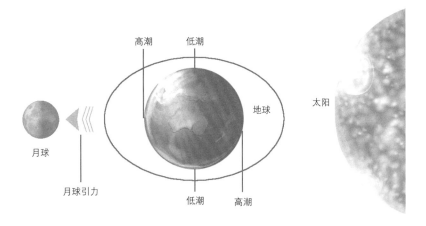

图1　潮汐原理示意图

日）两个点的引力差（图1）。地球与太阳离得太远了，与如此遥远的距离相比，地球整体就如同一个质点，引力差不会太明显，而月球到地球的距离只是地球直径的30多倍，情况自然大不相同。

月球绕着地球转，每28天转一圈，但地球也在自转，所以我们每天都看到月升月落。我们看到月亮的时候，它离我们近，看不到的时候，它在我们的背面，离我们远。月球绕着地球转，地球上的水体跟着它涌动。按直觉来说，应该向着月亮的一面涨潮，背着月亮的一面退潮，可实际上却是每天两次涨潮，朝向和背对月亮的海面都涨潮，这又是怎么回事呢？

原来这个世界上没有绝对的"大哥大"，作用和反作用都是相互的。月球绕着地球转，地球也绕着月球转，在地球和月球组成的相互环绕旋转的系统中，因为地球占绝对主力，这个系统的环绕中心在地球内部的一个点上。地球绕这个中心点转的时候，水体就产生离心力，离心力与月球的引力叠加才构成潮汐力。

月球的引潮力是太阳的2.17倍，潮水涨落更多地由月球主导，但太阳的介入也会增加或者减少它们的合力，潮水便有了大潮和小潮的区别。

那么，月球是如何影响板块运动的呢？答案就是潮汐。潮汐带来的潮水涌动按压地壳，地壳松动了，更容易发生漂移。还有一种说法是，深厚的海水润滑了岩石，使之更容易移动。不管是哪种说法，月球都直接或间接地影响了板块漂移。而地球内部熔融状的地幔和液态的外核，也受到潮汐力的作用，地壳实际是在上下两股力量的作用下"漂浮"着，滑动的潜力就更大了。

读到这里，建议大家到厨房拿一个鸡蛋，最好是煮熟的鸡蛋，观察蛋壳的厚度，如果有条件用游标卡尺测量蛋壳的厚度，再和整个鸡蛋的尺寸比较一下就再好不过了。通常，鸡蛋壳的厚度是0.3—0.4毫米，如果把鸡蛋看成一个圆球，它的半径是2—3厘米，如此算来，整个鸡蛋与蛋壳的比值在60倍到100倍。地壳的平均厚度是17千米，地球的半径则是约6400千米，将近地壳厚度的400倍，更何况洋壳的厚度更薄，平均厚度为5—10千米。如此薄的一层"地板"，下有熔融的岩浆顶托着，上有海水如摇篮一般摇晃着，也就难怪有了漂移的潜能。

月球对地球的塑造，还要追踪到45亿年前的惊天一撞。我们看不到海洋下面的世界，但声呐仪帮我们看到了，海底远比陆地的表面要平坦，地貌也相对简单，对于在海底爬行的动物来说，那可真是一望无垠的"大平原"。地球为什么有如此广袤的低洼平原，有一种猜想就是这里的地壳被撞飞出去了；或者如同打台球，球体的背面被撞后，正面的地表脱落出去。飞出去的部分在太空中重新组合成了月球，月球岩石的组成成分与地球的地壳物质几乎是相同的，这被认为是地月同源的证据之一。

经由这惊天一撞，地球飞速旋转起来，一天只有5个多小时。转得快，离心力也就大，那时候，地球的"腰"也就比现在粗多了。

月球形成后也没闲着，它和地球组成了地月系统，两颗星球借助潮汐力互相作用着。我们每天通过潮涨潮落感受到的潮汐力，实质上会导致球体表面物质与更深层物质的摩擦，是一种"刹车"的力量，这种力量经年累月地作用着，直到相互锁定，也就是自转与公转周期一致为止。如今月球已经被地球锁定了，它一面永远对着地球，另一面我们永远也看不到。而地球也由一天近6个小时减速到一天24小时，但是距离一天相当于28×24小时还差得远，我们还不必担忧一天变得太长。

在地球转得越来越慢，逐步被锁定的过程中，实际上是在损失能量，这个能量跑哪儿去了？答案是月球上。月球在以平均每年约3.8厘米的速度远离地球，因为地球损失的能量变成月亮的动能，它跑得更快了，于是不得不升高轨道以应对新的速度。

说到这里，月球对我们另一个意义上的锁定还没有提及。月球的质量足够大，稳定了地球的自转角度，这样一来会让地球四季分明，气候变化有迹可循。而火星虽有两个卫星，但都太小了，根本把持不住它们的"带头大哥"，以至于火星的自转轴以巨大的幅度摇摆着。幸好，火星上没有对气候变化很敏感的生命存在。

太平洋上的岛链与海沟

你是否注意过自己的手指甲和脚指甲多长时间剪一次呢？橙子小的时候最不爱剪指甲了，可能是因为被我剪到过肉吧，所谓"一朝被蛇咬，十年怕井绳"。于是我告诉他指甲可以给家里的花做肥料，帮助植物成长，他才乐意贡献出自己的指甲。

我想让读者朋友们关注一下自己指甲的成长速度。一般来说，成人的手指甲每周会长1—1.4毫米，婴儿的则约生长0.7毫米。手指甲长得快些，脚指甲长得慢些，指甲的生长速度不仅因人而异，还受到年龄和身体状况的影响。据说，季节和时间也影响指甲生长，一般夏天长得快，冬天长得慢；上午长得快，晚上长得慢。

可这么慢的生长速度怎么能观察出来呢？靠眼睛是不行的，我们只是发现指甲长了得剪了。地质学家科普板块运动的时候，找到了指甲生长这个绝好的参照物。对了，指甲生长的速度和板块移动的速度差不多，看着你手指尖上的指甲，再看看脚下的大地，你浮想联翩了吗？

实际上，我们脚下的土地，也就是大陆板块是比较稳定的。否

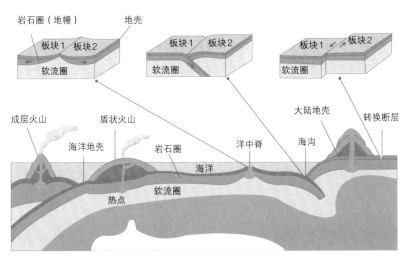

① 离散型板块边界　　② 聚合型板块边界　　③ 错动型板块边界

岩石圈（地幔）　地壳

板块1　板块2

软流圈

板块1　板块2

软流圈

板块1　板块2

软流圈

成层火山　　盾状火山　　　　　　　　　　　大陆地壳　　转换断层

海洋地壳　　　岩石圈　　洋中脊　　海沟

海洋

软流圈

热点

图2　板块构造示意图

则，我们也就不敢修建连伸缩缝也没有的高铁了。

　　不稳定的是海洋板块。地球内部火热的岩浆在大洋中脊上涌，形成新的洋壳，推动着海洋的"地板"向两边扩展，在与大陆板块抵触的地方，因为洋壳比陆壳更沉，它们就俯冲到了地壳深处，被熔融态的地幔物质加热"烤化"，最终融入地幔里，完成了一次换"地板"（图2）。

　　通常，我们看不到指甲在生长，可如果我们的鞋穿得时间长，最费的是哪儿呢？以我个人的体会，不是时时刻刻和地面接触、时时在磨损的鞋底，而是大脚趾前的鞋面。我的运动鞋基本上都是从那儿破口的，真是惭愧，看来我得注重个人卫生，勤剪指甲啦。

　　所谓水滴石穿，铁杵磨成针。当一股来自海洋板块的力量持续推动挤压着，喜马拉雅山和阿尔卑斯山不停地生长着。今天我想讲的是另两个故事，日本会不会沉没以及台湾岛回归大陆的事儿。

观察世界地图，从太平洋的北侧到西侧，一连串的群岛像一串珍珠自北而南呈弧状排列着。它们分别是北面的阿留申群岛，西面的千岛群岛、日本列岛（含本土四岛、琉球群岛），我国的台湾岛以及南方的菲律宾群岛。它们如同一串珍珠，挂在大陆的外海，人们称之为"岛弧"。在这一串岛弧之外，从日本东京向南，还有另一串"项链"，它们是小笠原群岛、马里亚纳群岛等。

岛弧当然不是完美的弧形，可阿留申群岛仿佛是圆规画出来的一般从阿拉斯加甩出来，小笠原群岛也如同比照着尺子画出来的，让人不由得赞叹大自然的鬼斧神工，不由得想去探求岛弧的外面，那些被浩瀚的海水所掩藏的海底发生了什么。

秘密随着深海探测潜艇技术的进步被揭开了。在岛弧的大洋一侧，几乎都有海沟伴生。如阿留申海沟、千岛海沟、日本海沟、琉球海沟、菲律宾海沟、马里亚纳海沟等，几乎与岛弧一一对应，也形成一列弧形海沟。海沟的深度一般大于6000米，我们熟知的马里亚纳海沟的最深点有11034米。

日本外海的海沟也是非常深的，最深处在伊豆诸岛东南侧，深达10374米。并且日本外海的海沟在本州岛外还分了叉，一支伸向台湾岛，另一支伸向马里亚纳群岛。一个以日本本州岛、中国台湾岛、马里亚纳群岛和印度尼西亚北部海域为端点的菱形结构的海洋板块于是浮出水面。原来，两个岛链排布在了这一称之为菲律宾海板块的边缘。

菲律宾海的平均水深有4100米，它也是海洋板块，在与太平洋板块这个大块头的碰撞中，甚至还略胜一筹，太平洋板块向下俯冲消失在地幔的熔融态岩浆中，而菲律宾海板块虽不能像大陆板块那样被挤压出高山，但至少形成了颇高的山脊，山脊出露于海面形成小笠原群岛和马里亚纳群岛。至于为什么小笠原群岛一字排开如同尺子画出来的一般，就是因为板块乃刚性颇强的岩石，板块的锋面也颇为平直吧。你们不妨也学学石器时代的原始人，试试用海相的橄榄石和玄武岩，也就是那种又沉又黑的石头，打制或切割石质工具，看看海洋板块的材质特点。

> **TIP**
> 六大板块
>
> 板块构造学说将全球地壳划分为六大板块：太平洋板块、亚欧板块、非洲板块、美洲板块、印度洋板块（包括大洋洲）和南极洲板块。其中除太平洋板块几乎全部为海洋外，其余五个板块既包括大陆又包括海洋。这些大的板块其实也还包含着一些小尺度的板块，菲律宾海板块就是小板块中的一个。

◀ **板块碰撞**，陆地板块被挤压褶皱，上升而为山、下折而为洼地。这是形成我国台湾岛、日本列岛岛链的原因。台湾岛和日本还是地热活动旺盛的地区，火山活动也很剧烈，富士山更是既美丽又活跃的活火山。这又是什么原因呢？

当海洋板块插到大陆板块的下面，它不是垂直沉下去，而是以一定的角度俯冲的，并且它的熔化也不是很快就能完成的，这就对它上面的地幔物质构成了持续的压力，地幔受压，于是在地壳寻找出口释放压力。恰好，挤压中的地壳有很多破碎带，给地幔物质的喷涌打开了通道。

20世纪70年代，日本的科幻小说家小松左京创作了《日本沉没》，大为轰动。故事中先是小笠原群岛北部一座70米高的小岛一夜之间沉入海底，日本列岛上也发生了新干线工程被迫停工、高速公路大桥垮塌等事故，各地火山活动频繁、地震不断。随后，日本列岛史诗般地沉没到它外海的海沟里。这部小说还被拍成了灾难片，营造了视觉冲击力极强的灾难场景。

但日本真的会沉没吗？富士山还是活火山，这足以证明太平洋板块还在向着亚欧大陆挤压呢，当这两个板块发生碰撞、挤压时，其交界处的岩层便出现变形、断裂。日本多地震，日本建设的房屋要有很高的抗震等级，日本人从小就有防灾意识，可地震的破坏却不可能大到把一个岛屿都震碎，继而像个碎石堆一样垮塌。

一块大陆若要垮塌，前提条件是挤压的力量消失。在日本列岛南边的我国台湾岛曾经就落到过大海中，那是来自太平洋板块的压力消失的时候，被挤压破碎的大陆板块，因为失去了顶托的力量，有一部分就断陷了下去。后来挤压的力量又回来了，台湾岛又浮出海面。现在，台湾岛是岛弧中最高的，最高山玉山的主峰海拔为3952米，目前还在长高。

不过，按照地质学家的推断，在板块的挤压下，台湾海峡也在缓慢隆起，200万年之后，它有可能回到大陆的怀抱。

火山喷出大钻石

　　2022年1月，南太平洋上的岛国汤加爆发了一场猛烈的火山喷发。正如我们此前所说的，南太平洋上很少有岛屿，几座小岛孤零零漂在海上，本来就与世隔绝，一次能量相当于上千颗原子弹的火山喷发，一下就把这个岛国的通信设施破坏殆尽，汤加与外部世界失联了。

　　太空中飞行的卫星记录下了火山喷发的全过程，先是海面上升腾起巨大的蘑菇云，然后海水覆盖了火山口和岛屿，仅有部分高地露出水面。火山转瞬间改天换地，无论是破坏力还是对地表的塑造，都像是大自然投下的核武器。

　　说起火山喷发，其实我们可以从地热讲起。我们坐地铁时会发现里面冬暖夏凉，不靠空调也温度适宜，原因就在于泥土的隔热保温功能，将地表的冷和热都隔绝在外面了。

　　但这还不是地热。尽管古人很早就发现了温泉水，还记录过冒着蒸汽的泉眼，可我们对脚下的这片土地，直到100年前都知之甚少。

　　儒勒·凡尔纳的《地心游记》，也不过是把地球想象成一个巨大的洞穴。李登布洛克教授带着他的侄子阿克塞尔，在冰岛请了一位向导汉斯，从那里的火山口一路向下，向着地心进发，历时三个月，最后从地中海西西里岛北部一座火山岛的火山口回到了地面。凡尔纳的笔下，地球内部除了没有阳光，其实与地表没有太大区别，远古怪兽、电闪雷鸣，暗黑的大海。

按理说，凡尔纳写这部小说是受到一位热爱火山探险的地理学家的启发，可从小说里，我们似乎很难看到那时地理学家对火山有现代科学意义上的认知。

我读大学时，隔壁宿舍是地质系的同学，楼上是地球物理系。怎么区分我们三个学科的研究方向呢？地质系的同学背着地质包，包里装着罗盘、放大镜、地质锤，他们是研究石头的高手，研究对象都是可直观感知的、人类能挖到的岩石圈里的物质。我们地理系更是上知天文、下知地理了，人类生活的地表生态圈里，无机有机环境都是我们研究的对象。至于地球物理系呢，他们的研究对象看不到、摸不着，只能用仪器去研究，听起来就玄幻。

我们仰望星空，太阳系、银河系乃至更遥远的星系都在望远镜下呈现出来，可脚下的地球却看不到、摸不着。苏联曾经钻了12000多米深的井，想用这个笨办法了解地球内部的世界，挖到这样深的时候却挖不下去了，那里的温度已经达到180℃，机械设备根本承受不了。越到地球内部，越是高温高压，靠机械方式连地壳的岩石层都不可能打穿，更不用说就算打穿，碰到熔融状态的地幔，钻头都得熔化了。

1909年，南斯拉夫地震学家莫霍洛维契奇发现，地震波在传导至地下50千米处有折射现象。光为什么会发生折射？上中学做光学实验的时候，大家就学过了，光在不同的介质里传播的速度不一样，若

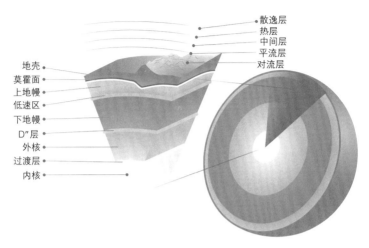

散逸层
热层
中间层
平流层
对流层

地壳
莫霍面
上地幔
低速区
下地幔
D″层
外核
过渡层
内核

图3　地球构造示意图

非垂直入射，从一种物质进入另外一种物质就会突然拐个弯，这就是折射。反过来推导，既然地震波出现了折射，说明地球内的物质在这个界面之上和之下是不一样的。科学家把这个变性的界面称为"莫霍面"，其上是地壳，其下是地幔（图3）。

转眼到了1914年，德国地震学家古登堡发现，在地下2900千米深处，存在着另一个不同物质的分界面，这就是"古登堡面"，界面之下是地核。

地球内部压力大，这不用解释了。为什么是高温的呢？地球形成之初，散落在星际的尘埃凝聚在一起，让我想起中学时候做过的一个热力学实验，用打气筒压缩气体，气体压缩后温度就升高了。按照热力学第一定律，我们对气体做了功，温度当然就变化了。可星际尘埃凝聚在一起，又是谁对它们做了功呢？答案是引力位能转化为热能。

这里我们需要脱离地心引力思考问题，因为地球形成之初还没有一个核心，而是互相吸引的松散的物质"云"，它们碰撞在一起，相对而言，每个都有势能，碰撞之后势能释放，根据能量守恒原理，温度自然就升高了。除了碰撞产生热，两个物体互相靠近，位能（势能）也转化为另一种能量，即热能。

起初，在物理学还没有深入核聚变和裂变这个层面的时候，科学家解释太阳的能量来源，设想的就是位能变化释放出能量。如今，木星和土星这两个气态星球从太阳那里获得的能量还不及它们向外释放的能量，就是因为它们还在不断收缩。当然，固态星球就没有这个过程了，星体物质以固体和液体形态存在，体积大致稳定了。可它们的内部会是什么样子呢，因为看不到、摸不着，反而很神秘。地球物理学，做的就是这种颇为抽象的研究。

地球最外这一层地壳真是薄如蛋壳，火山爆发喷出的熔岩就来自这个蛋壳之下，温度高达900—1400℃。而地球核心的温度足有6000℃，比太阳表面的温度还高。因为极端高压，地球的内核是固态的铁，这层铁核外面压力稍微低一些，就是液态的铁水了。

46亿年，从形成之初到现在，地核的温度只降低了大约500℃。之所以如此，一种解释是，地球足够大，又有大气层保护，散热过程缓慢。我们可以回顾一下为什么大型动物更容易生活在寒冷的环境里，表面积和物体的尺寸是平方的关系，体积和尺寸则是立方的关系，尺寸增大，内部的物质也就是能量急剧增加，可表面积增加得并没有那么快，这就降低了散热的能力，因此寒冷的环境里体型大的动物保温能力强。火星和月球等体积较小的天体散热快，内部早就固化了。没有内部铁水的流动，于是失去了磁场的保护，外部大气被太阳风打散，最后的保温设施也丢了。

说到地球内部能量的来源，还要提到核反应。地球内部的放射性元素一直在衰变，产生能量，不过这方面的能量来源应该不太多。如果细究起来，熔融状态，也就是黏稠的液体状态的地球内部，一定是在经历着重者下沉、轻者上浮的过程，重的金属化合物向内部沉淀，它们的势能下降也会释放能量，从而加热岩浆。

说到这里，其实有一件颇为有趣的事情。"物以稀为贵"，地表的贵金属清一色的都是重金属，黑色金属铁是最便宜的，比铁重一点的铜就要稀罕多了。这是否因为比重大的物体都落到地球内部了呢？至少从黄金的分布来看是这样的。地球表面与地球内部的黄金，平均到人类身上每人能分到80吨，可现在地表的黄金开采殆尽，南非的采金矿洞都打到了地下2000米，我国的采金矿洞也有400米深了。黄金价格易涨难跌，也是因为开采黄金的成本越来越高。

火山喷发，火山灰冲上平流层，火山熔岩掩埋城市和农田，居民流离失所，堪称地震和海啸之外的重大自然灾难，火山把地壳下面的一些珍稀物质带到地面上，也算是将功补过吧。钻石就是在地球内部高温高压的环境中，由碳原子形成的特殊化学结构，地球表面的钻石矿通常在火山附近，算得上是大自然的馈赠。

科学家们模仿地球的内部环境，已经制造出和天然钻石一模一样的人工合成钻石，钻石也不再珍稀，那些垄断钻石矿的商人的发财梦，也被科学打破了。而黄金这种在超新星爆发那一刻，通过核聚变产生的最后的金属元素，地球内部是合成不了的，故而会一直珍稀下去。

火山活动多伴生有矿藏，不仅对铁、铜等金属矿床的形成具有重要意义，对金矿的形成也至关重要。沿着火山找矿早已成为地质学家的标准操作。

花岗岩，上天的礼物

自从想给橙子讲岩石，我开始留意铺在城市广场上的石板。那些仿佛随手撒在石板上的小斑点，有粉色的、有褐色的、有黑色的，星星点点，而石板的基色有白色、灰色，也有肉红色，斑斓可爱。

花岗岩的种类真是多啊，仅仅按颜色来分，就有四川的四川红、中国红，山西灵丘的贵妃红、橘红，山东的乳山红、将军红，等等；黑色的有内蒙古的黑金刚、赤峰黑、鱼鳞黑，山东的济南青，福建的芝麻黑、福鼎黑，等等。叫得出名字的足有300多种。

花岗岩最大的特点是粗颗粒、大斑点，密密麻麻又分布均匀，像极了我们熬上一锅八宝粥，再把这锅粥冻成固态。事实上，花岗岩就是这样形成的。

我们去密云的白河河谷露营，路过修路劈开的山石，尤其是那种比较完整、整面都是岩石的峭壁时，我留意到石头中间夹着一道颜色和质地完全不一样的"长飘带"，就像工艺品那样嵌进来。我忍不住跟橙子吹嘘："你知道这些有麻点的岩石是怎么钻到没麻点的岩石里边的吗？"

没等他回答，我就把自己关于火成岩的知识"倒"了出来："这是侵入岩，是从石头缝里钻进来的岩浆，岩浆凝固后，就和两边的岩石完美结合在一起了。"

花岗岩钻到石灰岩的内部，这难道不是过去匠人们做铝锅的办法？的确如此，匠人们做出模子，模子分成内外两部分，往中间倒入铝水，铝水凝固就成了铝锅。如今在乡下，赶集的地方还有人这样给大家做铝锅呢。

侵入岩以花岗岩居多。南有黄山，北有华山，我们国家的名山大岳很多都是以花岗岩为主。花岗岩从地下侵入上来，凭着坚硬的石质，等到它外围不那么坚硬的岩石因风吹日晒剥蚀掉，它就显露出来了。

在没有柏油路的时代，古人铺路修桥最喜欢用花岗岩，花岗岩结实又漂亮，但也不容易开采。可它又能钻到石头的缝隙里，这就说来话长了。

地球有一个巨大的铁核，地球的所有构成元素中铁元素的占比最多，占到总质量的32.1%；氧次之，占30.1%；接着是硅（15.1%）和镁（13.9%）。我们是碳基生命，可在地球的构成元素中，碳元素几乎是微量的，比硫、镍、钙和铝都少，实属痕量元素。

地壳上的元素分布又和整个地球有所不同，这里是氧和硅的天下，氧占到近一半，硅约占到1/4。排在后面的是铝、铁和钙。这些元素来源于宇宙早期的核合成、太阳系形成前老一代恒星内部的核合成，以及太阳系演化过程中的核反应。观察这两个元素的分布表，有一点儿元素周期表知识就会发现规律：铁这种比较重的金属，越往地球深处富集越多，而在地壳中，氧和硅这两种非金属元素占据了绝大多数地盘。一言以蔽之，轻者上升，重者下降。

氧和硅在一起最容易形成的化合物是二氧化硅，是矿物中最简单的组合之一，这对组合的结晶就是石英。在地壳中，石英族矿物的比重达12.6%。氧和硅之所以组成了稳定的矿物结构，是因为二氧加一硅组成的硅氧四面体在化学结构上非常稳定。硅氧四面体晶体也是长石的基本结构，组成地壳的岩石里，到处都能看到长石的影子，如斜长石、正长石、透长石等。

地壳中铝元素同样是普遍存在的元素，它在元素周期表中位置特殊，既是金属，也带有一点儿非金属的特质。特定情况下，铝会取代硅的位置，又因为铝的外层电子比硅少一个，钾离子、钠离子等阳离子就会进来补充，于是长石的家族中又多出了钠长石、钙长石、钡长石、钡冰长石等。

地球的原初状态是各种元素形成的化合物，如同滚烫的粥，重的物质向下沉，轻的向上浮。但最早形成的地壳还是比较重的，海洋地壳里面有橄榄岩、玄武岩，是由二氧化硅与稍微重一些的金属形成的复杂的混合物，比如橄榄岩是超镁铁质，二氧化硅含量低于45%，但富含镁，也有可观的铁的成分。

陆地地壳的出现，是在地球冷却十几亿年后才发生的事儿，其标志性岩石就是花岗岩。与玄武岩和橄榄岩类似，花岗岩也是火成岩，也就是由岩浆冷却而成的岩石。不同的是，花岗岩是原始的海洋地壳整体被加热到熔融态后再分异出来的，重一些的金属成分变少了，轻的二氧化硅矿物的比例更多。花岗岩的密度是$2.8g/cm^3$，比橄榄岩（$3.2g/cm^3$）轻多了，所以陆地要比海洋板块轻，仿佛是漂浮在海洋板块之上。

花岗岩是太阳系送给地球特殊的礼物。其他类地行星上不存在花岗岩，因为它们有的很快就冷却了，地壳不再发育；有的因为没有水而没有板块活动。花岗岩从地球的深处缓慢地侵入地表，冷却过程是如此漫长，内部的矿物质有充足的时间结晶为大块的晶体，因此有着美丽的斑点状结构。

花岗岩的形成过程当然也和地幔里不稳定的状态有关。它的莫氏硬度很高，为6—7，我想是因为内部矿物结晶得比较充分。至于为什么，我们还是拿火山喷发来详细解释吧。

> **TIP**
> 莫氏硬度
>
> 由德国矿物学家弗里德里希·莫斯于1812年提出，是一种利用矿物的相对刻划硬度划分矿物硬度的标准，将10种常见矿物的硬度由小至大分为10级。

地壳下面是一个软流层，流淌着如同高炉里的铁水一样的岩浆。但软流层的物质也并非全是液态的，有些是液态，有些是固态，是混合的。我们知道，水结成冰体积会增大，但水是很特殊的一种存在，绝大多数物体固态比液态比重更大，比如高炉里的铁水冷却成铁块，体积会减少1/34。岩石的成分基本也是固体比液体重，也就是说，一旦"冻"住体积会减小，于是固态就有下沉的倾向，可越向下沉越热，固态就又会变成液态上浮，这就构成了软流层里一种生生不息的运动。至于这些运动的动力源泉，我们前面提到过，既有重物向地心移动释放出的势能，也有元素衰变释放出的能量。在能量自给自足的封闭的软流层中，矿物质得以充分地移动、交换和组合。

一座火山憋了很久，积蓄了太多的能量，喷出的是深层的流动性强的岩浆，这里是没有花岗岩的。花岗岩是在喷出之前，那些向着地壳侵入的岩浆"前哨"，缓慢而坚定地钻入地壳的缝隙，填补断层留下的空白。这就是花岗岩，慢工出细活，凝结出硕大而美丽的结晶，坚韧而强大。

地球上的山脉为什么多是南北向的？

日本经常地震，我国西南部的龙门山断裂带每隔几十年也会有一次大地震。迄今为止，世界上有记录的最大的地震发生在1960年的智利，2004年，源起于印度尼西亚苏门答腊岛的印度洋海啸也让人记忆深刻。说起地震，我们很容易想到环太平洋的地震带，似乎沿海发生地震的概率更高。

不妨来个脑筋急转弯，你是否意识到南极和北极很少，或者从没有发生过大地震？那里的确很少地震，又是为什么？

我听到的最有说服力的一个解释是，地球自转在变慢，它鼓着的肚子正在慢慢往回收，坚硬的岩石地壳会互相挤压，挤得太狠，岩石崩断，也就有了地震。地壳收缩，以赤道为最，极地是变化最小的地方，自然也就没有那么大的压力需要释放。

诚如斯言。

世界上最早意识到地球自转在变慢的是一位哲学家——大名鼎鼎的康德，就是那位写出《纯粹理性批判》，学界公认的第一位专业型哲学家。他之前的哲学家都是业余时间思考，随感式地讲授自己的感悟，他则是推理论证，把自然科学的方法引入哲学，建立严谨的哲学体系。地球自转越来越慢，便是他推理出来的。

康德有一个让人敬服的特点，生活极其规律。每天下午3点钟出门散步，邻居们都靠着他的出现校正钟表。那时候的钟表看来是不怎么准的，没有精确的计时装置，即使现在的钟表，其实也很难量度各年份间时间的变化，康德是靠什么来量度地球自转的速度变慢的呢？

当然是思想实验。

当时，按康德的话讲，牛顿以一种十分清晰和不可置疑的方式揭示出大自然的奥秘，其他科学家要做的就是把牛顿的定律运用到生活中去推演各种物体的运动。康德认为，由于日、月的引力引起的海水运动方向与地球自转的方向相反，如此连续的潮汐摩擦必将导致地球的自转逐渐变慢。

康德的时代还没办法精确计算出地球变慢的速度。现在科学家经过测算，与100年前相比，地球的一天慢了1.7毫秒，也就是平均每年累计慢0.6秒左右。自1972年到2012年，40年间共增加了25个闰秒，也就是说，地球自转在40年里一共慢了25秒。

地球诞生之初，每自转一圈大约用不到6小时，经过46亿年，一天变成了24小时。现在，地球南北方向的直径约为12714千米，赤道平面上的直径约为12756千米，两者相差42千米。那么，46亿年前那个转速是现在4倍的星球，是什么样子呢？因为物质状态不同，甚至质量和现在也不一样，这其实是个挺难回答的问题。但人们还是能对照那些转速更快的星球去推测，那时地球应该是肉眼可见的椭球体，而非现在的接近圆球体。这就意味着，随着地球越转越慢，鼓出来的赤道要"瘦身"，地表物质向着两极迁移。

由地球的瘦身，我们可以想象出两种力量，一个是沿着经度方向的挤压，这很容易理解。同时，当地球的肚子塌下去，地表物质向两极移动，又构成了沿着纬度方向的挤压。以我粗浅的认识，可以将两种力量看作横平竖直的网格力。实际上，对于地球上的这种网格化的力量，我国地质学界曾有过独特的解释，李四光先生还创立了一门叫"地质力学"的学说。这门学说帮助我们这个被认为贫油的国家找到了石油，因此一度成为国内地质学的主流学说。20世纪60年代，板块构造学说确立后，地质力学才不那么热门了。

关于地球上经纬方向运动的动力，一种是离极力，就是提出大陆漂移说的魏格纳提到的离极力，上文已经和大家分享过我的理解，这里，不妨再进一步阐发一下：地球沿着地轴自转，地球上的物体都有垂直于地轴的离心力，离心力又可以分解为两种，一种垂直于地表，一种沿着经线指向赤道，这就是所谓的离极力。可是，因为赤道略鼓，离极力已经被抵消了，地表的物体实际上已经处于平衡态。

李四光理论的核心是，由于较大的质量和较高的重心，大陆的离心力矩大于大洋，这使大陆向赤道漂移。在此漂移过程中，岩石圈的转动惯量越来越大，转速随之越来越慢，这就是"大陆车阀假说"，所谓车阀，就是刹车的意思。李四光进一步假设，岩石圈之下的软流圈和地壳的运动惯性相反，一个快了，另一个就显得相对变慢，地球这个椭圆体内外两部分进而产生相反的变形倾向。当岩石圈的转速变慢，软流圈的转速相对变快，便在赤道处升起，在两极处下降，于是又带着陆地离开赤道向两极集中。处于拉扯中的地壳，因此也就形成了经向和纬向的构造。

我们后来知道，大陆板块的漂移并没有止于赤道一带，青藏高原的核心就来自南半球的冈瓦纳大陆，看来李四光的假说是有缺陷的。

2022年，俄罗斯和乌克兰爆发冲突后，我赶紧打开世界地图查看欧洲的地缘形势，不经意就发现了这样一个情况，划分欧洲和亚洲的乌拉尔山脉，完全是南北走向的，这条长达2500千米的山体，冥冥之中如同有股神秘的力量沿着东经60°经线捏出来的一样，从北冰洋绵延而下，插入亚欧大陆的腹地哈萨克草原地带。乌拉尔山势也不是很高，平均海拔500—1200米，分开了东欧平原和西伯利亚大平原。

地壳由六大板块构成，欧洲和亚洲共有一个家——亚欧板块。不过这只是针对亚欧大多数地区而言，中东的一些地区就处在非洲板块上，俄罗斯远东地区竟然是在美洲板块上。西伯利亚东部的山脉虽然没有明显的造山运动，却是亚欧板块和美洲板块的交汇带，这条交汇带也基本上是南北走向的。

亚欧大陆和美洲板块的边界一度被认为是从白令海峡到堪察加半岛外侧的深海沟，后来此处的分界没有了，因为科学家对板块运动有了更多的认识。

1968年，法国地质学家勒皮雄首次划分六大板块，他的根据是大洋中脊、海沟、断层和年轻的造山带等构造运动，但从白令海峡相对沉寂的地质运动看，这里似乎不符合板块边界的标准。后来，地质学家综合判断，把亚欧板块与美洲板块的交界定在了从北冰洋海岭到西伯利亚的库兹雅克地震带，因此，我们今天看到的板块分界图中，美洲板块穿过太平洋北部，延伸到俄罗斯的远东地区。这条分界线基本上也沿着经线呈南北走向。

我们观察六大板块，如果在平面地图上，似乎还很不明显，若在地球仪上看，多数板块都是长条状，以南北走向为主。北美洲地势两边高、中间低，西海岸是科迪勒拉山系，东海岸是阿巴拉契亚山脉，中部是中央大平原，是放大版的"两山夹一谷"的地貌景观。其中，纵贯南北美洲的科迪勒拉山系北起阿拉斯加，南到火地岛，绵延约1.5万千米，基本上也是南北走向的。大西洋和太平洋下面的大洋中脊也以南北走向为主。

至于亚欧大陆，它的山脉走向就要复杂得多。腹地有世界上最长的纬向山脉天山山脉，不过长度和美洲的经向山脉没法比。天山山脉南北宽约250—300千米，平均海拔约5000米，最高峰是托木尔峰，海拔为7443米，位于中国和吉尔吉斯斯坦边界。天山属于比较年轻的山系，形成于距今约二三百万年前。当天山向上生长的时候，它北面的吐鲁番盆地也在此次造山运动中形成，并由于断裂后的长期沉降，成为中国海拔最低的地方。

亚欧板块是世界上最大的大陆板块，受到太平洋板块、印度洋板块、美洲板块和非洲板块的四面夹击，于是形成了颇为复杂的山地走向。除了我们刚才提到的乌拉尔山脉是南北走向，阿尔卑斯山脉呈弧形，自地中海海岸法国的尼斯附近向北延伸至日内瓦湖，然后再向东北伸展至多瑙河上的维也纳。位于黑海与里海之间的高加索山脉呈西北—东南向，横贯格鲁吉亚、亚美尼亚和阿塞拜疆三国。大陆东部的喜马拉雅山脉也呈弧形，西北—东南绵延2400千米。

但无论南北向、东西向，还是略有倾斜的东北—西南向、西北—东南向，都是在地球经向收缩和纬向运动的统御下，在板块运动的框架中形成的。

生物大灭绝的渐变因素

有一次,《三联生活周刊》要写一组生物大灭绝的封面故事,我想起小时候学到的辩证法:火山喷发遮天蔽日,可在地球被冰封的时候,喷发伴生的温室气体却化冻了地球。而地球内部的熔岩流,不仅塑造了陆地,还带着大陆分分合合,或毁灭,或创造生机。在漫长的时间线上,地球神奇的循环系统似乎冥冥之中操控着一切。

这其中的关键在哪里呢?

地壳肯定是一个原因。直到今天,在诞生46亿年之后,地球内核的温度只比最初降低了500℃,地壳之下仍是一个炽热的岩浆池。相对于地球6000余千米的半径,平均厚度17千米的地壳简直比鸡蛋壳还薄还脆;洋壳的厚度只有5—10千米,而洋壳之上的水体平均有4千米深。天空之上,更有一颗硕大的卫星月球环绕转动,带动海洋产生潮汐。薄如蛋壳的地壳于是在上下两层液体之间,维持着自己"摇篮"中的运动。

就在这看似不起眼的缓慢运动中,竟然隐藏着生命生生灭灭的密码。

另一个原因则是陆地，这是太阳系送给我们最独特的礼物。

地球环绕太阳运动，运动的轨迹相对稳定。而太阳作为一个从青春期向着成年期稳步迈进的恒星，虽然亮度比形成之初增加了48%，但若将10亿年间1/10的亮度渐变平均到短期来看，它发出的光和热仍是稳定的。当一次次生物大灭绝揭示出来，我们很容易联想到诸如小行星撞击或者大规模火山爆发等突发因素。确实，类似的偶发事件肯定影响甚至一度主宰了地球上生命演化的进程，但如果把地球上的生命放在一个35亿年的大时间尺度上，反而是那些缓慢却持续发生着的地质演化、生命演替起到了更为至关重要的作用。即使是大灾难的发生，也和这些微观的作用有关系，日积月累，量变转化为质变。

对于大尺度的气候变化，科学家们一直很是迷惑，直到20世纪50年代南斯拉夫气象学家米兰科维奇提出米氏周期理论。他从全球尺度上研究日射量与地球气候之间的关系。地球并非围绕着完全恒定的地轴运动，正如我们看到的陀螺，即便十分轻微，但自转的时候还是会有摆动。换言之，尽管赤道和南北回归线有纪念性标志，可实际上太阳的直射点每年都会有所不同，不是一个绝对的点。每隔2万多年，地球的自转轴进动变化一个周期（称为岁差）；每隔4万年，地球黄道与赤道的交角变化一个周期；每隔10万年，地球公转轨道的偏心率变化一个周期。

即使太阳辐射角度有周期变化，如果地球是均一的球体，它接受的能量也不会有差别。差异就来自陆地，按米兰科维奇的解释，单一敏感区的触发驱动机制，即北半球高纬度地区气候变化信号被放大、传输进而影响全球。

米兰科维奇理论解释了第四纪冰期的气候变化，用于解释遥远的几亿年前的古气候，恐怕很难奏效。可地球的板块恰恰是运动的，放在以千万年、亿年为尺度的时间轴上，气候的变化就可谓改天换地。

陆地既然起源于地壳岩石的不断熔化与重结晶，这个过程就不可能只发生在某些区域，而是大面积地散状分布。从地表来看，相信几十亿年前地球的陆地是以岛屿状态显露在海面上，而非现在这样纵横几千千米的一整块大陆。事实的确如此，最初，地球上的陆地面积较小且分散。

地球内部的能量生生不息，推动着板块运动。至于其运动规律，按照地质学家所揭示的历史印记，地球陆地在过去30余亿年的时间里，分分合合已有三个轮回。最早形成的是存在于18亿—15亿年前古元古代的哥伦比亚超大陆，从北到南跨越12900千米，从东到西最宽处4800千米。随后分裂开再聚合就是11亿年前形成的罗迪尼亚超大陆，此后又有冈瓦纳大陆。离我们最近的则是存在于3亿—2亿年前的盘古大陆。

大陆分分合合，每次都是聚合后又要离散开，当下的地球物理学手段还很难回答这种"合久必分、分久必合"的动力机制。科学家们只好大胆猜测，普遍认可的一个解释是，地壳下的地幔有一个全球范围的大型环流，当陆地分散时，这个环流倾向于从一个半球流向另一个半球，推动着陆地向一处聚拢。可聚拢在一起的陆地板块更厚、范围更广，便阻碍了地幔的单向流动，而是在陆地板块周边形成下降流，下降流又在陆地中心上升，撕开陆地使之向着分散的方向漂浮。地球内部源源不断的能量如同无形的大手，拨弄得地表陆地如船一样漂浮。

板块运动对冰期也有影响吗?

板块缓慢运动，一旦实质性地改变了地球表面陆地与陆地、陆地与海洋的关系，就可能对地球的气候乃至生态带来根本性的改变。这里不妨举离我们人类最近的第四纪冰期的例子。

第四纪冰期大约始于距今 260 万年前，结束于 2 万—1 万年前。这一时期温度时冷时热，冷的时期也就是亚冰期，欧洲和北美洲的陆地上覆盖着大范围的冰盖，欧洲冰盖的南缘可达北纬 50° 附近，北美洲冰盖的前缘延伸到北纬 40° 以南，高海拔地区则广泛出现了山岳冰川。

有研究称，260 万年前地球温度的突然下降与南北美洲相向移动有关。大约 300 万年前，南北美大陆的会合形成了巴拿马地峡，太平洋与大西洋从此被分隔开，海水的流动方向也彻底改变了。在中美洲阻断了太平洋和大西洋水体交流的情况下，两个海洋独立的洋流系统或使得海洋传输热量的能力下降，北方陆地开始积雪，而银白色的雪原反射阳光，进一步降低了地球接收太阳辐射的能力。

从板块运动的角度推测，长期以来，地球气温变化的一个重要原因可能是大陆相对于南北极的位置。在大部分地质时期，北极是开阔的、开放的海洋，大型洋流可以不受阻碍地从赤道流入北极区域，北极的气候会温暖得多。而如今，北极几乎被大陆所包围、所封闭了。

既然陆地在移动，其气候随着位置改变而变化也就顺理成章了。地球的气候带随着光照强度的不同而变化，赤道附近主要是热带雨林，向两级依次有热带草原、热带沙漠、亚热带森林、温带森林、温带草原等。同时，板块碰撞使得板块边缘部位俯冲或抬升，塑造出千变万化的地形地貌，也改变了局地的气候，随之影响到动植物的生长。

联想到米兰科维奇触发性因素的影响，一些看似不起眼的变化，都可能触发连锁反应，给地球气候带来不可逆的影响。超大陆聚合不仅仅是陆地的拼合，同时也造成全球构造活动、海平面乃至大气成分的变化，进而改变气候。超大陆存在的时期，海洋板块换"地板"的周期也更长了，温室气体的循环也随之变化。

已经有科学家将2.5亿年前二叠纪末期至三叠纪之间生命的大灭绝与盘古大陆的形成建立起了某种联系。如果说那一段气候变迁离我们太远，缺乏更直观的认识，我们不妨借鉴一下更为晚近的板块运动和近在眼前的气候现象。

约2300万年前，原本相连的南美洲和南极洲大陆在德雷克海峡彻底分离，直接在南极洲周边形成了环状的海洋，南极洲从此被隔离出去。在令水手胆寒的西风带的作用下，南极外海绕极环流和西风环流盛行，一个流量为世界上所有河流流量100—200倍的海流将南极洲彻底孤立。

南极终年冰盖、银光闪闪，反射走太阳光带来的能量，成了地球的寒极，温度要比北极低二三十摄氏度，即使降水比撒哈拉沙漠还少，却累积下地球2/3的淡水资源。那里是如此奇特而孤寂，是地球上最像外层空间的地方。因为冰盖反射太阳辐射，整个地球也因此更少地接收到太阳能量。而身处陆地环抱的北冰洋则是另一番景象，非但没有累积出厚厚的冰盖，夏天冰雪融化后还能通航。

　　南美洲和南极洲的分裂，德雷克海峡的出现，再加上极地环流，就给地球环境带来了巨大且不可逆的影响。要知道，和6500万年前恐龙统治下的地球相比，如今的温度降低了12℃，或许就有受到南极从地球整体天气系统分离出去的影响。即使在今天，让我们时时感受到气候变化的厄尔尼诺和拉尼娜现象，都和德雷克海峡的南极环流是否通畅有关呢。

从新冠病毒的变异，联想到地层中的煤炭

新冠病毒从阿尔法（α）、贝塔（β）变异到德尔塔（δ），又到最近的奥密克戎（o），在加速我们对希腊字母的认知的同时，也让我们了解到病毒的变异能力。奥密克戎的突变有50多处，在不到两年的时间内，为什么病毒能有这么多的突变？一种推测认为，奥密克戎毒株从艾滋病患者体内进化而来。艾滋病患者免疫系统受损，无法彻底清除病毒，于是病毒在患者体内不断复制，随机突变在病毒中一次次积累下来。

为什么微生物能进化得这么快？因为病毒的生命周期很短，它们不吃不喝，唯一的目的就是找到适合的环境，利用宿主的蛋白质来复制自己，繁殖出新病毒。

病毒没有细胞结构，复制的速度飞快。当然，有细胞结构的微生物繁殖速度也很快，细菌每隔20—30分钟可分裂一次，一天内能繁殖几十代。如果这些微生物都存活着，几天内就会布满地球。不用说，每次繁殖出现偏差，都意味着一次对生存环境的新的试探，如此快的繁衍速度，意味着不计其数的试验。在此基础上，真可谓"世上无难

事，只要肯登攀"。

于是，把酸奶盒子丢进垃圾桶的那一刻，我产生了一个想法，既然它是塑料制品，塑料又是有机物，高分子聚合物，无毒无害，微生物为什么不进化出吃塑料的功能呢？或许对于自然界来说，塑料出现的时间还太短，如果时间长一点，塑料垃圾也许就不会成为环境问题了。

带着同样的疑问，科学家还真发现了能吃塑料的微生物，并且不止一种，不过它们只对特定成分的塑料有用，只能将其分解为单体，而不是降解为碳、氢和氧。看来生物的进化还有待时日。

讲到这里，地质时期的一段公案呼之欲出，那就是地下挖出的煤都是怎么来的。煤炭来自古代的树木，树木封存在没有氧气的环境里，时间一长，高温高压使得木头里的氧和氢变成水流失了，剩下的就是炭。我和橙子还试着烧过一次炭，把柴火点着后埋进泥土，让木头没办法完全燃烧就得到了炭。

既然如此，现在森林里倒伏的树木，未来是不是也会变成煤炭呢？这种可能性却不大，除了会被人类捡拾回家当柴烧之外，以我们在森林里面的观察，木头很快都会腐朽，腐朽过程即是木材被真菌或其他微生物侵蚀，细胞壁分解败坏的过程。很多松软的木头，其朽坏的过程真是肉眼可见，残渣也会被蚂蚁搬走。当然，这一切都将以有机质的方式归还给土壤，形成富含腐殖质的营养层。一言以蔽之，如今的森林生态系统已经发展出了完备的垃圾处理能力，死去的植物很快就会变废为宝。

地球上煤层的分布很有规律，相当大的一部分都是石炭纪的地质埋藏，距今3.6亿—3亿年，这也是植物从海洋转战陆地的时代。生命起源于海洋，说起海洋里的植物，你最直观的印象是什么？它们漂浮或者悬浮在水中，它们随波逐流，它们柔软招摇，这或许是海洋植物区别于陆地植物的主要特征。的确如此，当植物还在海里生长的时候，也是靠光合作用捕获能量生长、发育、繁衍的，可植物对光线的竞争不激烈，即使有竞争，由于海水的浮力，它们可以在水底或漂浮在水面上生长，而不必自己站起来去抢夺阳光。当然，它们想站起来也有困难，水是流动的，即便植物把根扎入海底，身体也没法"站稳"。至于潮间带的红树林，就是后话了。

陆生植物则完全不同，它们中虽然也有像地衣、苔藓那样永久趴伏在地面上的，但对阳光的竞争使很多植物比拼出了站立的能力。终于，当植物从海洋走上陆地，它们的身体结构发生了变化。过去把植物结合在一起的主要是植物纤维细胞，纤维是碳水化合物的大分子组织，相对容易分解。可纤维的能力是韧性，而要使植物站立起来，需要的是刚性，是硬度，这就有赖于具有抗压能力的木质素。

植物突然合成出木质素，这也一定是遗传变异的结果。自从有了它，植物长高了，陆地植物也分化出复杂的结构。那时海水退去，陆地表面河流纵横、沼泽密布，土地富饶肥沃，石松类、节蕨类和真蕨类植物茂密生长，十几米甚至几十米高的蕨类巨木汇聚成遮天蔽日的雨林，绵延不绝。相比通过孢子繁殖的蕨类植物，种子植物更能适应干燥的环境，这一时代最早的裸子植物也开始出现，分布在离水系更远的高原和山地。地球上几乎每一寸土地都被绿色植物占据，开启了绿色星球时代。而光合作用持续累积，空气中的氧气含量也越来越高，陆生节肢动物成长为庞然大物，我们熟知的典型例子就是翼展一米的巨型蜻蜓。

　　斯坦福大学地球、能源与环境学院的凯文·博伊斯等科学家通过分析来自北美洲的古老富氧沉积物，发现并不是所有的石炭纪植物都富含木质素，但也都转换成了煤，故而认为木质素的含量对煤的形成没有显著影响。世界上大部分煤的形成约在3亿年前，那是盘古大陆形成的年代。煤炭的形成，既要有大量的植物碎屑堆积，又要求堆积的环境缺氧，科学家据此推测，在盘古大陆形成之际，板块的挤压使陆地上形成了系列盆地，而盆地环境又非常湿热，多湖泊沼泽，利于植物生长却不利于微生物分解植物。这样极端的气候和地质条件，也只有石炭纪才兼备。

　　中国科学家提出了另一种说法。中国科学院南京地质古生物研究所的万明礼博士等在山西阳泉石炭纪的化石木材中发现了化石真菌的菌丝，并将其认定为能够分解植物体内木质素的担子菌类。由此他们提出，我国华北石炭—二叠纪大量煤炭形成的真正原因并非真菌的"演化迟滞"，而是"机缘巧合"——潮湿酷热的环境中植物疯长，地质作用下陆地又不断沉陷，植物生长与陆地沉陷的进度完美配合，植物随时生长并沉没于缺氧的水中。

　　但植物向煤炭的转化，仍离不开微生物的作用。植物材料堆积，先是被水浸泡，与土壤混合成为泥炭，之后又在高温高压的环境下逐渐变成褐煤。褐煤仍然是植物性的，而无烟煤的成分主要是碳，这中间又经过了微生物的转化。这意味着，即便是在地下高温高压的环境中，也活跃着微生物。

可木质素是以芳香环为结构单元的高分子化合物，其结构更为稳固，当时的微生物还没有分解它的能力。大量含有木质素的植物残渣剩了下来，一层层地堆积，一堆积就是几千万年，越积越厚，最终与空气隔绝，从而凭一己之力创造出了高温高压又缺氧的成煤条件。地质年代里的石炭纪，就因地层中煤层分布广博而得名。

也有科学家质疑微生物跟不上植物进化的说法。尽管煤炭埋藏最多的地质年代是石炭纪，但随后的二叠纪和三叠纪也有煤炭埋藏，甚至几百万年前的地层里都发现有煤炭。可见成煤的条件中，缺乏分解木质素的微生物只提供了一种可能性。如果地表大规模沉降，泥炭被埋藏、被隔绝也会形成煤炭。

但不能否认的是，万物相生相克。生命无时无刻不在进化，总是在制造问题，也在解决问题。解决问题的过程很可能是漫长的，而且要付出相当大的代价。比如石炭纪就是以一场遮天盖日的大火结束的：植物太茂盛，空气中的氧气含量是现在的两倍。于是一场大火烧了10年，烧到无植物可燃，表层煤炭也被点燃，直接引发了生物大灭绝事件。

4 小时生死时速

2004 年 12 月 26 日，印度尼西亚苏门答腊岛边的一次地震，引发了破坏力惊人的海啸，20 余万沿海居民被海水席卷而去。当时我也参与了报道，通过采访中科院的科学家，了解到地震和海啸预警的一些细节。

通常，地震预测的成功率微乎其微，地震发生在瞬间，几秒钟就释放出它绝大部分的破坏力。但海啸不一样，海啸的传播速度为每小时 700—800 多千米，相当于喷气式飞机的速度，地震之后的海啸是完全可预测的。遗憾的是，那次，科学家们并未能在海啸到来之前把消息发送到沿海居民那里，为什么？

地震的传播，分为面波和体波，也就是从地球表面传到四面八方的震动和穿过地球内部传过来的震动。它们传播的速度，也因传播介质不同而由每秒几千米到每秒十余千米不等。面波速度慢，按 3—4km/s 的速度，传到 1 万千米之外、世界上最主要的海啸预警中心——位于夏威夷的美国太平洋海啸预警中心需要的时间超过 2500 秒，也就是约 40 分钟。海啸预警中心捕捉的如果是这个信号，海啸早已席卷印度尼西亚的海岸。当然，地震台网遍布世界，预警中心的科学家赫施霍恩最先收到的就是随身携带的BP机上的信号，信号以每秒30万千米的光速传播过来，预警中心的专家几乎是和地震同步开始了他们的分析。几分钟后，他们计算出了震中和震级：8.0级。地震15分钟后，他们发出了第一份报告。

15分钟，海啸已传播200余千米。海啸通常发生在浅海，当海底突发火山或地震，上方的水体无法以柔缓的方式消解外力的扰动，生成巨大的波浪传播出去便形成海啸。200千米、15分钟，对海啸预警来说是致命的。不过，对于世界上仅有的5名被赋予海啸预警任务的科学家而言，使他们遗憾的却不仅仅是时间，还有地震预测的精度。15分钟内，他们测算了两次：第一次，由接收到的初步数据得出的是8.0级；后来，又来了些新数据，得出的结果还是8.0级。这个级别，又发生在印度洋，至少太平洋是安全的，于是他们的报告里没有海啸预警。

地震只发生在几秒钟内，引起的震荡却是长期的，地震波也因在不同的介质经由不同的路径传播而形成长时间的波动，地震台记录下长串的数据流。体波是在地球内部传播的地震波，比面波快，但从苏门答腊岛传到夏威夷，几乎要穿过地心，走上万千米的距离，以一般岩石中的穿行速度7—8km/s计算，需要20余分钟的时间。发出第一份报告后，科学家们开始用包括体波在内的更精确的数据测算，这一次，他们得出了8.5级的结论。预警中心的科学家们开始感到恐惧。

地震的能量释放，是按照对数形式一级级升上去的，也就是说，每增一级，能量和破坏力就以超出一个数量级的大小增长，8.5级释放的能量是8.0级的5.6倍，足以引起一场波及范围很广的大海啸。这时，又半个小时过去了，科学家们把这一结果通知了他们的老板麦克里里，他们决定马上再发布一份预告，但仍然对8.5级地震能否搅动整个大洋有所保留。第二份报告发出的时间，距离地震发生已经过了1小时零5分钟。

在这1小时零5分钟里，海水已经从西北到东南，席卷了整个苏门答腊岛，巨大的海啸长波正向孟加拉湾进发，以几条缎带的形状冲向更远处的斯里兰卡、缅甸和印度。斯里兰卡的主岛在两小时的射程外，印度、缅甸都在3小时的射程外，科学家们还有充足的时间。可这个时候，他们在沟通中遇到了麻烦——因为这些国家都是印度洋国家，不在太平洋海啸预警范围之内。

或许，如果意识到海啸将造成如此大的危害，他们会采取更激进的措施，以外交渠道把海啸的消息传播出去。但他们没有，这可能又是一个科学的问题。又过了3小时，也就是地震发生4小时后，海啸预警中心接到哈佛大学地震中心的一份报告。他们震惊了——8.9级，一个翻江倒海、足以颠覆整个大洋的地震级别。这让他们的情绪滑落到了谷底。8.9级的能量释放，又是8.5级的4倍，现在，一个比最初所预料的能量释放扩大20余倍的大劫难摆在了眼前。科学未能上演一场好莱坞大片，留给人类永久的遗憾。最终，美国地质勘探局给出的这次地震的级别是9.0级，已经是最初预料到的能量释放的31倍。

学过中学物理的人应该都有重力势能的概念，即处于高处的物体具有的由高差所蕴含的能量。同样，把物体托举到高处所需要的能量也可以用物体获得的重力势能来量度，而重力势能是和高度成正比的。根据能量守恒定律，海洋从地震中获得的能量，很大比例都变成了扑向海岸的波浪。如果8.0级的地震把一块水体托高1米，9.0级托高的就应该是31米。当然，这只是一个假设，海啸运动还有非常多的变数。但能量和破坏力成正比，9.0级地震和8.0级地震的威力有着质的区别。

在最初的一个乃至两个小时中，科学家若意识到这是一次百年少有的地震，凭着良知，相信他们不会因为没有更多的联系电话而放弃，因为按照他们对地震级别和能量的理解，一定能明白这绝不是一个自然数的差距。

这些科学家最终在CNN（有线电视新闻网）上看到海啸肆虐的报道，随后，又从电话里听到了斯里兰卡沦为一片泽国的消息。也就是说，地震两个小时后，他们不是靠自己的专业知识，而是靠这个世界最有效的、由商业利益驱动的新闻网络得到海啸的信息。随后，他们开始想尽办法通知波浪尚未到达的区域，联系到了非洲的两个大使馆，但此时，海啸的威力已经大致宣泄完毕了。

或许，我们在这里过分苛责科学家了——即使他们第一时间做出了正确判断，并及时发出消息，警报传到印度洋边的居民那里仍是障碍重重，在和大自然赛跑的生死时速中，以当时的经济能力和技术手段，我们注定失败。但我们多么盼望好莱坞大片不仅仅是在那个造梦工厂上演，去拯救那些虚拟的生命，我们多么渴望那些几天前还和我们一样鲜活的生命，都因这个世界上处处都有着肩负责任和使命的同类，而存活下来。

对于震级屡次变动，美国地质勘探局给出的解释是，地震级别越大，地震波的特征频率越低，最初也就越难以测量。大地震能量的主要部分要通过体波传输过来，测量需要捕捉体波数据，这需要时间。通常，需要收集震后几个小时的数据才能准确测算，尤其是特大级别的地震，测算公式都要调整修改。

　　面对速度堪比喷气式飞机的海啸，拥有互联网和跨洋电话的科学家，那几位被赋予拯救成千上万人性命使命的科学家，却因时间和技术的局限错过了时机，不能不说自然界蕴藏着多么惊人的力量和玄机。

Part 2 看不见的空气，感知得到的气候

感受空气，你想到了什么方法？

你见过空气吗？空气长什么样子？你是怎么感知到空气的？

我把这些问题抛给橙子的时候，他手舞足蹈、比比画画，又吹气又扇风的，用肢体语言呈现着他对空气的理解。空气看不见，也摸不着，孩子们就是凭借各种动作来感知空气的。

原始人也一定跟孩子们一样，是在气流运动中感受到气体的存在的。当他们大口喘气、吹气燃火，或在寒冬中哈出一口白雾的当儿，没准儿就有那么一个原始人的脑子里冒出了一些念头，没准儿还和朋友们分享、讨论了。可惜那时没有文字，他们怎么想的我们也无从知道。

中国古代很早就有了"气"的概念，但似乎是很抽象的概念，阴阳五行金木水火土中虽然没有气，但气是贯穿其中的，只要运行起来就称之为"气"。天地之气的运动变化以一年为一个大周期，一年分为春、夏、秋、冬四时，在这四时里，天地二气交互作用，就产生了影响万物、作用于万物，并主持万物新陈代谢的五行之气。

气的概念很玄妙，它是运行不息而且无形可见的一种极细微的物质，是构成宇宙万物的本原或本体，《庄子》里就有"人之生，气之聚也。聚则为生，散则为死"的说法。武侠小说里的内功从古代哲学衍生而来，也是玄之又玄，厉害起来原子弹都不是它的对手，导引不出来又在体内冲撞，使练功者生不如死，真是高深莫测的存在。

我们还是只谈靠谱的、容易理解的"气"吧。

如果在没有空气的外太空，飞船里的空气逃逸出来会是什么情况呢？

有人猜测，就像地面烟囱里飘出的一缕白烟很快就会消散一样，这团空气也会在茫茫太空中飘散开来。但也有人不这么看，太空舱里边的水滴不是会聚成一个水球飘浮在空中吗，一团空气是否也能抱成一团飘着呢？当然，因为是从飞船中逃逸出来的空气，本来是有速度的，内部运动也并非均匀统一，所以它们还是会分开吧。

水之所以能够在太空中形成一个球体，除了引力的作用，水体表面的张力也是一个原因，这种张力是否为液体所独有？其实不是，水体内部的分子之间彼此吸引，故而处于平衡状态，可表面的一圈分子却只受到内部的分子力，外部不受力，故而形成了一个光滑且不容易被破坏的表面，总而言之，表面张力是物态内部吸引力导致的。按理说，空气也受到内部的作用力，只不过这种力量更小，更没有规律罢了。

这真是很难想清楚的一件事，我们只能这样认为：当气体的体量足够大，它们就抱成一团，成为太空中一颗气态的星星。而在体量不够大的时候，它的存在受制于太多不确定的因素，是不容易预测的。

当气离开了我们所熟悉的环境，它似乎会变得更加玄妙。我们还是回到地面上来，去理解空气这个谜一样的存在吧。

要理解气，首先得有盛装空气的器具。孔明灯就是利用热胀冷缩的原理，靠加热内部空气而让灯笼升空的。唐代道士王冰在给《素问》作注时就提出，小口空瓶灌不进水是因为里面的气体出不来。宋代俞琰在《席上腐谈》中有对拔火罐的描述，在空瓶内烧纸然后快速扣进水盆，水会很快涌入瓶中，把瓶子扣在壮汉的肚子上，还能吸附住。这背后的原理就是大气压。

话说1643年，也就是明朝灭亡的前一年，意大利佛罗伦萨的科学家托里拆利做了一个实验，他在一支1米长的玻璃管中装满水银，随后口朝下垂直放入同样盛满水银的槽子里，水银柱于是不再充满整个管子，而是向下滑，停留在了76厘米高的地方。他又把玻璃管倾斜，不管倾斜到什么程度，水银柱到槽子的垂直高度始终保持不变。托里拆利猜想是大气的压力把水银柱"压"到了这个高度。借由这个实验，他不仅发现了大气的压力，还制作出了一个真空。

托里拆利的老师正是被称为现代科学之父的伽利略，他的水银管实验也是伽利略对真空探索的延伸。古希腊的亚里士多德提出"自然界厌恶真空"，也就是世界上不存在真正空的"真空"，伽利略怀疑这一说法，认为空气也有重量，真空也存在，不过没有找到科学的证据。他曾有一个百思不解的发现：抽水机在工作时无法把水抽到10米以上的高度。因为找不到合理的解释，于是他假定抽水机内有一种只能提起10米高水柱的真空力。

如果有一条长10米多的水管，你也不妨把吸水的一头伸到深井里，试一试，看能否把水抽到管子的顶部。这可是个既需要力气又危险的实验，一个人还是别做了，上中学后物理老师会带着你们做托里拆利实验的。

在没有塑料、橡胶等现代化工材料的400年前，做一个10米长的水管可不是一件容易的事情。托里拆利想到了水银，水银的密度是水的13.6倍，也就不用做那么长的管子，于是有了上述实验。托里拆利的实验不仅尝试了不同的倾斜角度对水银柱高度的影响，还用不同长度的玻璃管测试了真空力对水银柱高度的影响，结果，不管上方的真空空间有多大，水银柱的高度均不变。这也直接否定了真空力，而把推高水银柱的力量引导到了大气压力上。

与托里拆利实验紧密联系在一起的是马德堡半球实验。托里拆利实验11年后，1654年，马德堡市长格里克在大街上演起了"马戏"，16匹高头大马拉拽两个因抽了真空而扣在一起的半球，"砰"的一声巨响，铜球分开成原来的两半。世人终于相信大气是有压力的，而且大气压强真是大得惊人。

大气压实际上就是单位面积上垂直方向空气柱的重量，你不妨伸出你的手掌，试想这上面是一个10米高的、和手掌同样底面积的水柱——我们都是大力士啦。可实际上我们没那么大的劲，是什么帮我们托住了手掌上的空气呢？还是空气，因为手掌下面，乃至身体里面也有空气，这些压力都是一样的，刚好相抵。可如果我们坐飞机，飞机迅速上升，我们体外的大气压力迅速下降，这时就最好张开嘴巴，把体内的空气"放掉"一些，好让内外压力平衡。因此，如果宇航服漏了气，漫步太空的宇航员可就麻烦了。

托里拆利还是第一个用科学的方式描述风的人，他写道："风产生于地球上的两个地区的温差和空气密度差。"从此，人类终于知道地球上的风是从哪儿来的了。

伽利略的思想实验，你也可以有

美国布鲁克海文国家实验室的历史学家罗伯特·克瑞斯在物理学界做了一次调查，请各位学者提名历史上最"美"的物理学科学实验。

在物理学家眼里，最美的实验是用简单的仪器和设备，发现最根本、最深邃的科学现象。

所以，在"封神"的十大实验里没有大型粒子对撞机，也没有人造太阳装置，有的是那种很简单却让人豁然开朗、思路洞开的实验，其中，就包括伽利略的两个实验，一个是自由落体实验，一个是加速度测定实验。这两个实验小孩子最爱玩，可400年前伽利略却玩出了境界，说这两个实验开创了现代物理学都不为过。

科学史家其实已经证明了，伽利略根本没有在比萨斜塔上扔过球，更不可能引来很多人围观。可为什么这个假想中的实验还能封神？

就因为伽利略在脑子里做的两个铁球的思想实验，比真找了个地方扔铁球更有说服力。伽利略之前，人们相信的是亚里士多德的物体下落学说，亚里士多德认为重的物体落得快，轻的物体落得慢，一千多年来人们对此深信不疑。

的确，这不就是我们生活中习见素闻的情景吗？但伽利略偏偏设想了一种情形，便是将轻、重两种物体用绳子拴着，结成一个更重的物体。按理说更重的要比重的落得还快，可结果，组合体里的轻者会拖重者的后腿，组合体的下落速度比重的更慢。亚里士多德的断言也就不攻自破了。

伽利略的第二个实验，小孩子也会玩。他找了一个斜面，记录小球滚动的距离和时间的关系，于是发现了加速度。他的实验并没有就此停止，而是让小球继续滚到另一个对接的斜面上，奇妙的情形出现了，不管另一个斜面放得陡峭还是平缓，小球总会爬升到开始时的高度。

实验做到这里，伽利略已经达到了伟大物理学家的境界，能量守恒定律，这个200年后才由众多物理学大神级人物共同得出的结论呼之欲出。可伽利略的了不起就在于他的思维总是像托马斯小火车一样奔跑，他跑得太远了，他的思想实验是，如果第二个斜面彻底放平，又将如何？

伽利略去世一年后，牛顿出生了。牛顿用三大定律奠定了人类认知世界的基础，其中第一定律即是惯性定律，任何一个物体在不受外力作用时，总是保持静止状态或匀速直线运动状态。

热烈地崇拜了伽利略之后，我们还是把目光转到十大最美物理实验上。哦，稍等一下，还有一个问题得回答，伽利略的时代没有精确的计时工具，他是怎样引入时间参数的呢？

伽利略在17岁的时候靠卡自己的脉搏发现，无论从多高的地方将单摆摆锤松手，摆动周期都是相同的，厉害吧？

最美物理实验第十名就是单摆。1851年，法国物理学家傅科在巴黎先贤祠的穹顶吊下一只60多米长的单摆，坠上很重的摆锤，摆锤下方是巨大的沙盘。每当摆锤经过沙盘上方，摆锤上的指针就会在沙盘上面留下运动的轨迹。使人意想不到的是，摆锤的轨迹不是那条最初画出的线段，而是每画出一道都偏离大约3毫米。

人们观察到摆锤摆动方向发生了缓慢的变化，换言之，摆动面在旋转，从而证明了地球的自转。现在，几乎所有的天文馆都会在醒目位置安装傅科摆，一个简单的摆动实验，使迷惑了人类千万年的黑夜与白天交替的原理迎刃而解，难怪它能被评为最美物理实验之一。

既然傅科摆证明了地球自转，地球自转一周是24小时，傅科摆转一圈的时间是不是也是24小时呢？我曾想当然地以为是这样，直到在北京天文馆看到那里的傅科摆，它的周期是37小时。科学可不是想当然，每一个步骤的推导都要有理有据。

如果在南极、北极极点这样简单的环境里立一座三脚架，挂一架傅科摆，转一圈24小时是没问题的，可离开极点情况就复杂多了。

单摆挂在赤道上又会如何呢？不妨也做一个思想实验。

我们知道，通信卫星是地球轨道同步卫星，要在离地表36000多千米的太空绕着地球转，因为和地球自转的角速度一致，所以同步卫星相对于我们是静止的。可通信卫星为什么一定要在赤道面的上空驻留呢？

因为地球自转，只有跟着地球转，才能保持永久同步，卫星既要环绕地心旋转，又要与地球同步，能够稳定地追随地球转动的区域只能在赤道面上。

那么，如果从同步轨道卫星上坠下一根长长的摆，它会画出一圈一圈的玫瑰线吗？不会的，这里是同步地带，相对于地球是静止的。

傅科很幸运，因为他是在巴黎安装的钟摆，巴黎的纬度是北纬45°。当然，除了在赤道上，只要能想到挂一条单摆再撒上沙子，我们都可能被幸运眷顾。在巴黎，单摆转一圈需要32小时。傅科后来还发明了单摆周期的公式，想靠着实验装置和自己的公式得到法兰西科学院的院士位置，可当评审委员会问他公式原理是什么时，他没回答出来。如今傅科摆家喻户晓，可它的原理解释起来还是挺绕口的，听上去有点太学术了，我们还是继续做思想实验吧！

可以找一个圆盘，让它匀速转起来，然后在它的轴心上放个沾满颜料的小球，把小球沿直线弹出去，看它是否在圆盘上画出了直线。还可以把小球从边缘向着中心滚动，看它是否能够直击靶心。

两个人坐在旋转的木马上，互相抛掷沙包，击中对方的概率和旋转木马静止的时候是否一样呢？

所有这一切都由法国气象学家科里奥利简单地归结出来了。用专业的语言表述就是，在旋转体系中进行直线运动的质点，由于惯性，有沿着原有运动方向继续运动的趋势，但因为体系本身是旋转的，如果以旋转体系的视角去观察，就会发生一定程度的偏离。

这种使运动物体偏离直线运动的惯性力量，被称为科里奥利力，简称科氏力。地球是旋转的球体，于是科氏力以地转偏向力的形式时刻影响着我们身边的物体运动。傅科摆的每一次摆动也受到影响，于是就有了原地转圈的现象。

傅科摆放在赤道上不位移，在巴黎每次位移3毫米，极地上则会更多。这其实也很好理解，在赤道附近运动的物体基本是在和自转轴平行的面上运动，偏向的惯性小；极地的物体则是在和自转轴垂直的面上运动，跑偏的惯性会很大。于是乎，通过这个思想实验，我们推导出了世界上最大的风产生在哪里——对，就是极地附近。

当葡萄牙探险者航行到好望角的时候，他们最初管那里叫风暴角，可实际上那里的纬度只有35°。南美洲的合恩角纬度要比好望角高得多，南纬56°，这里风大浪高、海流湍急，从17世纪到19世纪中叶，已有500余艘船只在此沉没，2万余人丧生，有着"海上坟场"之称。在南极大陆，风暴就更强烈了。一般来讲，只有大洋上的热带风暴可以达到12级，但是在南极，12级以上的风暴却是家常便饭。大风期间，科考队员是绝对禁止走出科考站的，1960年，一位日本科考队员就因为出门喂狗，被刮出去4千米远。

这么严酷的环境下，帝企鹅还在那里繁育后代，真是奇迹。

是谁左右着风的方向？

北京北面的群山之间有一片广阔的水域——官厅水库，这是新中国成立后建设的第一座大型水库，为了把华北平原上肆虐的无定河"永定"下来。处在风口上，水库边安装了很多风力发电机，有一天我和橙子路过，我们迷上了阳光下巨型扇叶划过大地的阴影。

风电机是顺时针还是逆时针转的？我们抬起头看那在风中旋转的巨型扇叶，顺时针，一抬头就有了答案。再看扇叶阴影在田野里划出的轨迹，居然又逆时针转了，很神奇吧！其实很容易理解，我们正对着它的时候，是以自己为参照系，风扇顺时针旋转，背对着看它的影子，就像照镜子，图像就翻转过来了。

这是一个小插曲。我想知道的是，风电机为什么要顺时针转？顺时针旋转会不会发更多电？

原来它的转动方向参照了风车，起初风车的转向并没有规律，为了视觉上的舒适性，造风车的人统一了转动方向。仅仅是为了视觉上的秩序感而已，和机械效率没有关系。

我们的直觉难道不也是这样吗？风吹动扇叶旋转，风大转得快，风小转得慢，和转动方向哪有半点关系。

可是如果在一个大型的风电场，前后排列着很多风机时，科学家们就发现顺时针或逆时针方向旋转和发电效率的确有关系。风吹过第一个扇叶会产生湍流，由于风的剪切作用，又由于不同高度上风速存在差异，风扇后面会有一个尾流区域。

这时地转偏向力就会出场了，科学家们发现，南半球一个风电场的发电机若顺时针方向旋转，发出的电量会比逆时针时高出11.5%，同理，北半球更有效率的是逆时针旋转的风力发电机。

地转偏向力真是无所不在。但是，它真的有那么大的威力吗？我们往洗碗池里放水形成的漩涡，冲马桶时水的流向，似乎是很难统一的，毕竟这些能称得上水池的物体尺码太小，南北差不了几十厘米。可20世纪60年代哈佛大学的一位实验物理学家偏要在一个理想化的小水池里测出结果，这个水池尽可能大一些，又浅又平，直径1.5米，他把水池清理得非常光滑，水也静置了一天时间以确保绝对静止。当水阀打开，前十几分钟看不出变化，慢慢地，一个逆时针方向的小漩涡出现了，并且越来越大。过了几年，澳大利亚的一位科学家也重复出了同样的结果，因为在南半球，漩涡是顺时针旋转的。

即便小尺度的物体运动，如果压缩在极短的时间内，或者以水滴石穿的累积效应观察，地转偏向力也是一股不容忽视的力量。狙击手远程射击的时候都要考虑它的影响，至于火箭发射，就更是不容忽视了。

于是我不由联想到，我们每天行走的街道虽然是方方正正的，偏向力却非直线，两条腿会不会要不停地克服偏向力的影响？腿脚的肌肉，乃至鞋底会不会都因为要适应环境而变化变形？这当然属于钻牛角尖了，相对于我们的行进速度，前后脚差异微乎其微，根本不用考虑。但如果真碰上钻牛角尖的题目，你也不妨在脑子里做个思想实验。

太阳东升西落，意味着地球自西向东转。在北半球，从赤道往北极走，自身带着旋转的惯性，于是就有了向东偏离经线的惯性，为了纠偏，右脚就得多用点力量。同理，当你往回走的时候，面临的则是向西偏离经线的惯性，这也是偏右的方向，也需要右腿多用力以纠偏，因此右腿的肌肉就会更为强健。而在南半球，那里的人应该是左腿更壮硕。

当然，这纯属在理想环境中的理论假设，不像水池里的漩涡方向已被证实，偏向力对人腿部肌肉的影响是无法证实的。

但在一个更为理想化的实验环境中，偏向力对火车车轮、汽车车轮的影响还是被证实了——无论汽车还是火车，在北半球是右侧车轮的磨损大一些，南半球则相反。

书归正传，地转偏向力对地理环境的影响体现在两个方面，一个是即时的影响，另一个则是对地形地貌的长期塑造。

即时的影响是风和水流。从赤道到极地，行星尺度的风带共有三个，分别是信风、西风和极地东风，它们都是在地转偏向力作用下形成的。洋流主要受风的吹动而产生，在无风带则可能受地转偏向力的影响而转向。

天空中没有明显的物理障碍，空气的运动就更为理想化，于是我们看到所有的热带气旋，也就是台风或飓风在北半球都是逆时针旋转的，在南半球则是顺时针旋转。龙卷风尺度要比台风小得多，会受到地形和空气扰动的影响，但大部分龙卷风在北半球也是逆时针旋转，南半球反之。当然也存在少部分反气旋性的龙卷风。

再说水滴石穿效应下地转偏向力对地形地貌的塑造。我国最大的沙岛——崇明岛位于长江入海口，由长江入海流速降低后携带的泥沙沉淀堆积而成。可以预料的是崇明岛会与北岸连接，因为长江入海口处河水是由西向东流，受北半球向右偏的地转偏向力的影响，长江右岸（南岸）的流水侵蚀严重，而左岸（北岸）则出现侵蚀较弱而沉积作用较强的现象，所以南岸由于侵蚀而后退，北岸由于沉积而生长，长着长着便与崇明岛连上了。

长江南北，地貌有别

对于像长江这样水量巨大且昼夜奔流的河流而言，地转偏向力的作用十分明显，因此，出了湘鄂西大山后，江水就一直在努力向南探寻。中国东部的地貌，在长江以北以平原为主，以南则是我国三大丘陵之首的东南丘陵，面积足有百万平方千米，比长江中下游平原和黄河下游平原加起来都大得多。

这片巨大的丘陵地带北至长江，南至两广，东至大海，西至云贵高原，由大片低山和丘陵组成，也有山脉间杂其中，黄山、九华山、衡山、庐山、井冈山等都是其中典型的山脉。丘陵和山地，又呈现出东北—西南走向，平行于海岸线，仿佛是被太平洋板块和亚欧板块挤压而成。

事实也的确如此，按照板块构造学说，扩张中的太平洋板块俯冲挤压亚欧板块，在大陆板块的边缘推挤出褶皱状的地表构造，在雨水、阳光和风等外力的共同作用下，就形成了东北—西南走向的山脉丘陵。

最适合观察地转偏向力的河流是黄河，黄河在中游有一个著名的"几"字弯，两个笔画中有三个流向，这里又是黄土高原，黄土结构松散容易被侵蚀，于是有了挺明显的右岸侵蚀、左岸堆积。你们有机会去旅游，可以观察观察黄河哪边的河岸更陡峭，哪边的城市更多一些——城市是要建在平地上的。

不过，虽说地转偏向力无所不在，但也千万别一概而论，比如河流在凹岸侵蚀、凸岸堆积的现象，是在水流的惯性力而非偏向力作用下形成的，凹岸越挖越凹进，凸岸越堆越凸出，河流也就曲里拐弯，不走直线了。

河流的侵蚀还惊动了爱因斯坦，他在1926年关于"茶叶悖论"的论文里指出，在河道的近岸侵蚀原因中，偏向力是诱因，更多的则需茶叶悖论解释。当茶水被搅动，茶叶会游到杯底的中央，而非预想的在螺线型离心力作用下被推动到杯底的边缘。原因是，靠近底部外侧的液体由于杯壁的摩擦减慢旋转，那里的离心力减弱从而使得压差对水流的作用大于离心力。

找寻一片最像外星的土地

此前，我们讲述的基本是理想化的物理世界：阳光、大气和土壤决定了环境的温度；温度的差异带来气体的膨胀收缩，于是有了风；地转偏向力又引导着风拐了弯。这个物质世界里的一切似乎都是早早注定的。自从牛顿提出了他的三大定律，人类便自信心"爆棚"，一切似乎都在情理之中，都由逻辑支配。这也成为人类认知的一种思想潮流——"决定论"，它认为一切都是由因果关系联系的，世界的所有运动都由确定的规律决定，知道了原因就一定能知道结果。

到了 20 世纪，当物理学家深入微观世界，发现量子态的物体可能没有确定性。薛定谔的猫，在你打开盒子之前，它处于既生又死的状态。决定论对科学的统治于是告一段落。

对地理学的新理解——著名的"蝴蝶效应"就是在这种背景下出现的。"一只南美洲亚马孙河流域热带雨林中的蝴蝶，偶尔扇动几下翅膀，可以在两周以后引起美国得克萨斯州的一场龙卷风。"纷繁复杂的世界首先是有规律的，但同时也是暗流涌动的、混沌的，一个微小的变化很可能带来一连串难以预料的后果。

不过，今天我们还是谈一谈大问题。如果要在地球上找一片最具确定性的土地，会是哪里呢？

很多地方都是确定的，难道不是吗？西风带刮西风，雪线上常年积雪，我们这儿一年有四季，撒哈拉沙漠常年难见雨滴，等等。但我们也可以换一个问法，地球上最类似外星的区域是哪里？

外星与世隔绝，死寂一片，地球上却是生机勃勃，没有可比性，可如果一定要比一比，我想就是南极了。何以如此，且听我慢慢道来。

首先，南极是孤立的。它是人类最晚发现的一片大陆，1820年人类第一次看到这片大陆，1821年第一次踏上它。它远离文明区域，就如同隐藏在太阳系边缘的神秘天体。南极之隔绝，除了它遥远的距离、冰冷的温度，还因为它四周包围着一圈海洋，使其隔绝于其他大陆。

传统的认知里，地球有四大海洋，分别是太平洋、大西洋、印度洋和北冰洋。2021年6月，美国国家地理学会宣布将南极洲周围海域定名为南大洋（Southern Ocean），视它为第五大洋。不过因为没有大洋中脊，学界对是否应称之为第五大洋仍有分歧，我国的地图上就没有南大洋的标记。

但这片海洋的确是特立独行的存在。四五百年前的大航海时代，当水手们行船到南纬40°—60°时，他们被这里的风浪震惊了，于是有了"咆哮四十度"（南纬40°—50°的区域）、"狂暴五十度"（南纬50°—60°的区域）和"尖叫六十度"（南纬60°—70°的区域）的说法。这里常年盛行西风，南半球西风带极少受到陆地遮拦，所以风刮得尤其暴力，又因为处于中高纬度地区，昼夜温差大、空气对流激烈，更加剧了风的强度，堪称航海者的"鬼门关"。

今天的旅行者去南极，都要在南美洲的最南端坐船，这里也是德雷克海峡的一端，海峡的另一端是南极伸向我们人类的南极半岛。宽900—1000千米的德雷克海峡是我们去往南极最近的通道，也是世界上最宽、最深的海峡，同时还是一条世界上规模最大的洋流——南极环流的必经之地。南半球的盛行西风风力常年达5—12级，海水被风力吹动，加上地转偏向力和

> **TIP**
> 南极环流
>
> 也称南极绕极流或西风漂流，自西向东横贯太平洋、大西洋和印度洋，它的存在使南极大陆得以维持其巨大冰原。

没有陆地阻碍，于是形成一股世所罕见的强大水体流动。其总长度约2.1万千米，水量是全球所有陆地河流总流量的100—200倍。难怪那些南极旅行者要把自己绑在床上过海峡，这里的浪实在太大了。

遥想当年麦哲伦从麦哲伦海峡进入太平洋后，西班牙人把整个太平洋当成自己的内海，外人不可擅自进入。当了海盗的英国人德雷克被西班牙人追捕时偶然发现这条通往太平洋的海道，可他自己也没能走出这一"暴风走廊""魔鬼海峡"。

上有盛行西风，下有环南极洲洋流，南极这片大陆于是被隔绝了。

说完南极周围的"绝缘层"，我们再讲南极自身的情况。在极地上空，按照地球上理想化的气压带划分，因为寒冷空气浓缩下沉，这里是冷空气主宰的极地高压带。

气压高，空气向副极地低压带流动，在地转偏向力作用下形成了极地东风。北半球高纬度地区有海有陆地，风力受局部地形扰动而减速，南极大陆地面本来不是很高，可若算上厚厚的冰盖，平均海拔高

程为2350米，中间高边缘低，风借地势再借极地飙高的地转偏向力，那就太"飘"了。

隔绝状态加上高地势，南极的寒冷程度非北极可比。南极上曾记录到地球表面最冷的温度，零下93.2℃，这个温度下二氧化碳早冻成干冰了。

由于太寒冷风太大，植物是很难生存的，于是陆地被冰雪覆盖着。别看南极四面环水，脚下又是厚厚的冰层，气候却非常干燥，年均降水量仅为55毫米，中心区低于30毫米，比国际上公认干燥的撒哈拉沙漠还低。以如此低的降雪量积攒出这么厚实的冰盖，实属不易，也正因如此，从南极钻出的冰芯藏着远古气候的密码。

上文我们已经讲过，南极之所以是地球冷极，也因为冰盖反射光线，而地球上的能量几乎全部来自太阳辐射。地球曾经有过十余次惨烈的冰期，气温陡然直下的原因便包括南极、北极的冰盖扩展。

南极虽"孤悬"海外，却对调节全球气候举足轻重。科学家们还发现，德雷克海峡就像一个气候大门，在大陆漂移的过程中打开，南极环流从此形成，南极开始与世隔绝，冰盖越来越大，地球气温于是有了一个突然下降的过程。

今天，如果德雷克海峡的海冰增多，西风漂流在此受阻，海流不得不北上加强秘鲁寒流，也会带来全球气候的一系列连锁反应，就如同来自南极的"巨型蝴蝶"扇动了翅膀。

云彩为什么不会掉下来？

    小时候看《大闹天宫》，不由得好奇，天上的那些宫殿是靠什么飘在空中的？后来看到孙悟空脚下踩着祥云，天宫下面也是这种祥云，心里的疑惑就消失了。

    那时候的冬天，我特别爱围着火炉子烤火，眼睛一眨不眨地看煤球中间蹿出的火苗，火苗向上升腾着，整个炉膛都烤红了，真温暖啊。火炉上放着水壶，水蒸气从壶嘴喷出来，袅袅上升。我想，既然云彩是由水蒸气组成的，水蒸气飘浮在空气中，云彩飘在天上也就是天经地义的了。

    上学后学到物体的三态，学到水蒸气应该是无色无味、看不见摸不着的气体，就与空气中的氧气和二氧化碳一样，才明白原来云彩不是由水蒸气组成的，就如同我们嘴里哈出的雾气是水蒸气遇冷凝结的水滴，而不是气体一样。

    然后，我就面临着一个又一个为什么：除了火山口和家家户户的火炉子，地球上很少有温度超过100℃的地方吧，可哪儿来的那么多飞上天的水蒸气呢？大海是地球上水循环的起点，水汽从那儿蒸发到天上再被风吹到陆地，陆地上空形成雨雪降水，再百川入海，从而完成水的大循环。可大海上的温度哪儿会超过100℃呢，世界上最热的海水，连人体体温的37℃也超不过吧，否则在热带海水里游泳就等于泡温泉了。

要理解水的低温蒸发，确实需要掌握一些物理和化学知识。水的沸点是100℃，温度达到这个界限的时候，水就会沸腾吸收能量，从液态变为气态。但这并不意味着低于100℃的时候水不能蒸发，否则我们在家里擦了地板，地板永远也干不了。

物体有温度是因为内部的分子在运动、在振荡，一些运动得快的分子就会脱离束缚，逃逸出去，这就是蒸发。蒸发现象发生在液体的表面，沸腾则是内部和外部同时改变状态。

空气中是含有水蒸气的，而空气容纳水蒸气的量有限度，达到上限的状态即可称为饱和，这和我们把糖放入水中，水只能溶解一部分糖是一个道理。空气"溶解"水蒸气的能力随着温度变化，温度越高，"溶解"水蒸气的能力越强。比如1个大气压下1立方米空气的重量是1.293千克，在10℃可以容纳9.41克水蒸气，在30℃可容纳30.38克水蒸气。

空气的相对湿度，就是特定状态下水含量与饱和水含量的比值。

我们知道，大气每上升1千米温度降低6℃，随着高度增加，容纳水蒸气的能力急剧下降，多出来的水蒸气就会凝结成水和冰。当然，这是很小体积的水滴和冰粒，就如同地面上的雾，密集而微小，都是微米级别，上百万个这样的雾滴才能聚合成一粒雨点。

再来说说蚂蚁从飞机上掉下来不会摔死的原因吧。

物体从天空降落的加速度来自重力，密度不变时重力和体积成正比，立方体体积是其边长的三次幂，球状体体积与半径三次幂成正比例关系。可空气的阻力只阻挡在立方体的一个面上，面积和边长二次幂成正比。这意味着什么呢？意味着考虑到空气的阻力，越重的物体下落得越快，而轻的物体下落的速度要慢一拍。

对于体积影响物体下落的速度，不知大家是否有所体会，夏天下雨的时候，最初的雨点往往很大，噼噼啪啪打在身上是能够感觉到疼的，可下着下着雨点变小了，落在身上就没什么感觉了。雨点从云彩上掉下来，个头比蚂蚁还要大，打到身上都不疼，那么一个小蚂蚁从天上掉到我们身上会有感觉吗？按牛顿第三定律，作用力和反作用力大小相等、方向相反，蚂蚁掉到我们身上，自然就不会摔死啦。

绕着弯子讲这么多，实际上想告诉大家的是：当云彩中的云滴直径只有几微米时，它们很容易飘浮在空气中，稍微有一点上升气流就足以顶托起大朵大朵的云彩。

当然，云彩体量再大也是靠微风吹动悬浮在空中的，凭靠五彩祥云托举起玉皇大帝的巍峨宫殿，那只能是神话故事里的想象了。

最大的云滴直径也就10微米，而直径大于200微米的云滴才有可能掉到地面成为毛毛雨，直径大于500微米才会形成雨滴或各种固态降水物。云彩要落到地面上，内部先得碰撞组合。如果云中粒子的大小不同，则大粒子的下降速度会大于小粒子，因此它会追上小粒子并且和它合并。水滴越大，下降过程中碰到小粒子的机会越多，就像滚雪球一样越滚越大。自然界的降水粒子，无论是液态的雨滴还是固态的雪花、霰、冰雹，主要都是由这一过程形成的。

2021年，在为写作《中国西北行》做气候考察时，我就在从北京到山西大同的山谷里经历了一场记忆深刻的降雨和冰雹。那真是一次奇特的经历，远方还能看到太阳光在云彩下闪亮着，突然就下起了雨。雨里夹着冰雹，打在车顶和车玻璃上噼啪作响，声音也越来越大，如同紧密的鼓点，敲打着地面、树木和车辆。我赶紧把车开到附近加油站的棚子底下，冰雹打在棚子上的声音更响了。棚子下，水汽被大风裹挟着横冲直撞，身体冷得瑟瑟发抖，好在冰雹被挡在了外面。这时我才有余暇欣赏冰雹，拿在手上有分币大小，多是扁平的，而非圆球形状。它们密密麻麻地漂浮在水面上，迅速挤满了水沟和水坑。

冰雹持续了七八分钟，来得快去得也快。离开加油站，路面上仍蒸腾着水汽，可在不远处，地面居然都没湿。再向前开，一束束霞光从云彩的边缘照下来，形成万道霞彩。山区的气候真是变幻莫测，一片云彩一片雨，隔着几步路就是完全不同的天气。

这里是太行八陉中最北的军都陉的所在，是内蒙古高原通往北京的主要峡谷。华北平原和内蒙古高原高差上千米，渤海、黄海乃至东海的水汽从这里涌向内蒙古高原，而西伯利亚来的冷空气也从这里一路下山。桑干河峡谷云起云舒，上空的空气剧烈扰动，云彩中的云滴和冰晶得以在碰撞粘连中迅速长大。云层足够厚，达到数千米，冰粒通过数次上下往复的运动才会变得足够大，最终落下来，重重地砸向地面。

不由得感叹，云彩真是奇妙啊！

北京为什么会成为"双奥之城"？

2022年冬奥会的举办使北京成为全球首个"双奥之城"。全球那么多城市，为什么只有北京独享殊荣，它的独特之处在哪里呢？

冬奥会传统上在2月举办，在选择城市上有两个严格的指标：一是2月的气温要低于零摄氏度，二是2月的降雪量要大于30厘米。降雪厚度与降水通常是按照15∶1的比例换算，30厘米的降雪换算成降水大概是20毫米，北京是否达到了呢？

我国北方冬天的干燥是出了名的，北京整个冬天常年降水量只有9毫米，具体到2月份一般是2毫米，换算成降雪是3厘米，这也解释了为什么本次冬奥会所有的雪上项目用的都是人工雪，而不是天然雪。

20世纪80年代开始，人工造雪技术被用于冬奥会，到都灵冬奥会、温哥华冬奥会、索契冬奥会以及平昌冬奥会，用量越来越多，索契冬奥会人工造雪占到80%，2018年平昌冬奥会人工造雪占比达到了90%，这次北京冬奥会更是达到了100%。

雪上项目需要天气冷，又不能太冷；有降雪，还要有高差，至少城市要离高山近。2014年俄罗斯的索契冬奥会还是遇到了麻烦，那年暖冬，2月份温度高达十几摄氏度，人工造出的雪很快就融化了。按理说，俄罗斯是世界上最适合举办冬奥会的地方，广袤的国土几乎都在寒冷地带，可偏偏选择处于亚热带的索契作为奥运主办城市，还是说明了雪上项目对气象、地形等条件近乎苛刻的要求。如果太冷，比如零下15℃以下，运动员的身体就难以承受，长时间暴露在极寒条件下可能冻伤。故而寻找比赛场地，还是要找寒冷区域中相对暖和的地方。

北京能举办夏季和冬季两届奥运会，在于其四季分明，而且土地面积足够大，拥有广阔的山区腹地。世界大城市中很少能找到像北京一样的，面积1.64万平方千米，作为对比，纽约1214平方千米，伦敦1577平方千米，东京2155平方千米。即便如此，北京延庆的山地还不够高，还是要和张家口联合举办冬奥会。

天公作美，冬奥会期间，北京下了一场大雪，银装素裹，孩子们堆雪人打雪仗，家长们分享雪景，好不热闹。比赛现场前几天的黄褐色山峦背景还挺扎眼，下了雪就是一片白茫茫群山真干净，雪上比赛显得和谐而天然。

张恨水曾在《冰雪北海》里描写北平冬雪，是这样写的："大概有两个月到三个月，整个北平城市都笼罩在一片白光下。登高一望，觉得这是个银装玉琢的城市。"这说明过去北京的雪下得很大也很多，现在雪少也是气候变化的一种表现吧。

东亚举办过冬奥会的城市有日本北海道的札幌、韩国平昌和中国北京。北海道是世界上降雪最多的地方之一，根据美国"准确天气预报"公司提供的数据，世界上有记录的降雪最多的3个城市在日本，依次是青森、札幌和富山。青森和札幌的积雪，平均每年接近或超过6米。据说，在北海道有一家叫喜乐乐（Kiroro）的滑雪场，降雪量超大，年均21米厚，足有7层楼高。

日本是由海岛组成的国家，除了火山喷发形成的，主要是太平洋板块和亚欧板块挤压形成的山脉。日本的地形以山地和丘陵为主，山地成脊状分布于日本的中央，将国土分割为太平洋一侧和日本海一侧。

在太平洋西边，也就是我国的东部，一条洋流从热带海域北上，洋流的名字就是日本暖流，又叫"黑潮"，是仅次于墨西哥湾暖流的世界第二大暖流。在我国台湾岛的外海，这条暖流宽度有100—200千米，深200米，最大流速每昼夜可达60—90千米，平均流量每秒约2200万立方米。洋流一路向北，在地转偏向力的作用下，其大部分水体转向东北方向，流过日本列岛的外海，在北海道附近与千岛寒流相遇形成了北海道渔场。

受到朝鲜半岛的阻挡，日本暖流的一部分还流入了渤海。渤海海域温度偏高，冬天西北风吹过，由于海水温度高于气温，海洋就像一个巨大的水汽和热量库，蒸发的水汽吹上胶东半岛，又受到山峦阻挡，于是烟台和威海等沿海城市经常下雪，成为北方沿海地区为数不多的"雪窝子"。

日本暖流的一个分支从日本和韩国间的对马海峡流入日本海，这是对马暖流。日本外海的暖流很早就在地转偏向力的作用下转向东方，可束缚于内海的对马暖流只能一路向北，少部分从岛屿间的海峡流到外海。温暖的海水蒸发形成湿热的空气，在日本列岛的山岭间浮动，气团上升遇冷凝结成降雪，日本列岛的西岸也就成为世界上降雪最多的地区。

　　"黑潮"一路向北，受限于亚欧大陆伸入海洋的大陆架，于是沿太平洋海盆的西侧边界流动，流速快、流幅窄、深度大，而且与周边海水温差巨大，比如，"黑潮"冬季水温为18—24℃，比周边海水最多可高出20℃。

　　我国青岛、上海分别与日本的东京、九州纬度相近，形象的观察是——当青岛人棉衣上身时，东京人还穿着秋装；当上海落叶纷纷之时，九州的亚热带植物依然绿意葱茏。东京即使在1月平均气温也有4—9℃，接近上海，而青岛的1月平均气温则只有-3—2℃，相差7℃。

　　每次冬奥会的举办都离不开一座"靠山"，欧洲的脊梁阿尔卑斯山，已经当了十次靠山，是成就冬奥会最多的山脉。它贯穿法国、瑞士、德国、意大利以及奥地利多国，绵延1200千米，海拔4000米以上的山峰有几十座，山峰上终年积雪。

　　身处欧洲中央，阿尔卑斯山是一座在世界上都少见的气候多样的山脉：向西是大西洋，大西洋暖流带来的湿热水汽被盛行西风吹上山地形成降雪；向南是地中海，地中海气候是世界上13种气候类型中唯一雨热不同期的气候，夏天干热、冬天多雨；从北欧下移有凉爽或寒冷的极地空气；大陆性气团控制着东部，冬季干冷、夏季炎热。

　　独特的地理位置造就了这里千变万化的小气候，每一座山、每一条沟谷都有着独特的小气候。幸运的是，这里的雪期长、降雪量大，可气温并不低。白雪皑皑，艳阳高照，是滑雪运动最理想的场所，因此汇集了世界上著名的滑雪场地。

排在阿尔卑斯山之后，举办过多次冬奥会的是北美洲，其中当然也有经济因素。可美国东部，即使在大平原，暴雪似乎也是见怪不怪的存在，这就和那里独特的气候与地形有关了。美国地形呈现两边高、中央低、纵向排列的特点，有利于暖湿气流沿着中央通道北上。在美国的南面和东面，墨西哥湾暖流又是世界上规模最大的暖流，流经墨西哥湾时叫作墨西哥湾暖流，流到欧洲称为北大西洋暖流，是欧洲的"暖气管"。

墨西哥湾暖流水量大、温度高，到了冬天，便源源不断地向北美大陆供给水汽，北美的内陆虽然是大陆性气候，但降水量比亚欧大陆多得多，那里的内陆高山乃至丘陵地带也就有了足够厚实的天然雪。

相对而言，北京和平昌虽然都离海不远，可冬天盛行的是来自西伯利亚的冷风，日本暖流被岛链隔绝在外海，离大陆较远，要想下大雪就太难了。

下雪真是个技术活，全靠海洋这个送水工。

云对气候的影响

日本的北海道能下20米厚的雪，换算成降水都有1米多，但和世界上最大的降雨量比起来就是小巫见大巫了。

地球上最极端的降水出现在喜马拉雅山南麓一个口袋形的山谷——乞拉朋齐，在1960年8月至1961年7月的短短一年时间里，该地的降雨总量达到了惊人的26461.2毫米，一举夺得"世界雨极"的称号。这里的降雨不是全年均匀降落，而是集中在夏季，每年20多米的降水冲刷走土壤里的养分，以致并没有因为降水丰沛而生机勃勃，到了旱季，当地人还为吃水发愁。

世界就是这样奇妙，水资源不仅在空间上分布不均衡，在时间上也厚此薄彼。当然，降水的分布还是遵循着一定的主旋律，越是热的地方蒸发量越大，越是靠近水源（主要是大海）雨水越多。可我们人类最关心的还是陆地上而非大海上的降水。

我们都知道热带雨林是降水最多的地方，常年炎热湿润，几乎天天降雨，那这里的水分是从哪里来的？热带处于赤道低压带，是赤道无风带，海上的水汽不会大规模登陆，所以水的来源也应该多是本地的。具体而言，这里水的蒸发机制是怎样的呢？

雨林中大大小小的湖泊、河流和土壤都会蒸发出水分，可起到主要作用的居然是那些密密麻麻、一棵棵蹿向天空的树木。

不同于水分从水面上蒸发，植物如同一台台抽水机，把水分从土壤里吸吮出来，再从叶片、叶脉上的气孔吐出去，这就是蒸腾作用，是植物进化出来运输养料的生理机能。我们人类摄取营养的方式是吃饭，饭菜是靠着手臂的机械能送到口中的。植物没有运动的器官，从根部吸收的营养物质靠什么摆脱重力作用，传输到全身？靠的是蒸腾，水分以水蒸气的状态散失到大气，植物体内的水分要顺着导管来补充，就提供了一股传输营养物质的动力。这个过程是非常浪费水的，蒸腾作用散失的水分约占植物吸收水分的99%。据推测，在亚马孙雨林，蒸腾作用占到了当地降水来源的一半。

离海越远，水汽越难到达，那世界上离海最远的陆地在什么地方？

在我国新疆古尔班通古特沙漠中的一个点，这里距离地球上的四大洋都超过2000千米，是不折不扣的陆地之心。

一个有趣的事实是，我国是世界上唯一本土集齐四大洋水汽的国家。在新疆天山山脉之中，有一个美丽的湖泊赛里木湖，从卫星地图上看，赛里木湖就像一大块被绿色森林包围的蓝色水晶，异常纯净。在地理学界，人们称之为"大西洋的最后一滴眼泪"。

赛里木湖距离太平洋最近也有3000千米，距离大西洋足足有5000千米，距离地中海都有4000千米，为什么把它称为大西洋的最后一滴眼泪？在大气环流中，来自太平洋的水汽靠的是季风环流，且受到黄土高原和青藏高原的阻隔很难深入到新疆。而来自大西洋的水汽，乘坐的是行星环流这个更大级别的"交通工具"，西风从大西洋吹来，跋涉5000千米，来到赛里木湖所在的这处向西的谷地，已经是强弩之末，就把水汽留在了这里。

自从有了卫星测绘地图，我们看地图有了一个新选项，即展示了山川植被地表形貌的卫星图。卫星图是如此深入人心，以至于你很可能以为这就是从太空看到的地球的样子，但其实它是过滤掉云彩后的蓝色星球。利用气象卫星十几年间获取的数据，NASA（美国国家航空和航天局）发现，在任何给定时刻，地球都有大约70%的区域被云层覆盖着。

利用云量数据，科学家绘制了一张常年的平均云量图，图上深蓝色区域为无云区，浅蓝色区域存在少量云层，白色区域则云量较多。

除了南极，云量最少的带状区域是南北半球的副热带高压带，那里气流俯冲向下，含水能力随着高度下降而增强，云彩自然少。尤其到了大陆内部，撒哈拉沙漠和中东的沙漠地区云量最少。

可在南半球的非洲和南美洲大陆的西岸，虽属副热带高压带的范围，但内陆倒还微有云彩，海岸反而比撒哈拉沙漠腹地还要蓝。这两处带状沙漠外海的云量却明显多于同地带的附近海域。

位于非洲的纳米布沙漠，是世界上最狭长的海滨沙漠，面积不大，只有5万平方千米，却南北延伸1900千米，贯穿了三个国家。沙漠的一边波涛汹涌、狂风大作，是世界上最为凶险的海域之一，沙漠之中横亘着拜大风所赐而形成的高大沙丘。自南极环流分出来的本格拉寒流从海边流过，海水比空气冷，空气遇冷凝结成雾，夜晚雾气会弥散到沙漠上。沙漠里的甲虫因此进化出了向风倒立、用背部盔甲凝结水滴的技能。

南美洲的阿塔卡马沙漠几乎伸展到了赤道附近。它是世界上最为干旱的沙漠，几十年都不下雨。可这里稀疏的仙人掌也会用尖细的针刺凝结大雾中的水汽，有一种蜥蜴还可以用闪亮的大眼睛凝结水汽，再用舌头舔舔眼睛上的露水。

南半球两个条带状沙漠在北半球也有对照，就是非洲撒哈拉沙漠和美国西部的荒原地带。它们形成的原因，除副热带高压外，就要算流经海岸的洋流了。地球自西向东自转，大洋水体在惯性作用下，水面西高东低。西太平洋的水平面就要比东太平洋高出几十厘米，具体到巴拿马运河和德雷克海峡，太平洋和大西洋整体上存在约50厘米的高差。于是，海洋东部深处的海水上涌，这也是寒流形成的因素之一。强大的寒流之上，大气层本来常见的下高上低的温度梯度倒转过来，逆温层阻碍了空气的对流，空气流动相对静止，于是少降水，低空水汽凝结成雾。一边是沙漠一边是海洋的奇观由此而生。

由赤道至两极，云量的分布有三个密集地带，一个是赤道附近，另外两个分别位于南北纬60°附近，云量可达90%。三个多云带都是大气环流的低压带气流上升的区域。北欧、北美漫长的冬天里少见阳光，让人抑郁，和阴天颇有关系。

自20世纪90年代中期以来，我国的云量呈增加趋势，总云量在波动中上升。尤其是最近十多年，趋势更加明显。

坐在飞机上，俯视大团大团甚至遮盖住整个大地的云层，你是否也会萌生出一个想法：地球变暖也没那么可怕，气温高了，水的蒸发旺盛，云彩会更多，于是能够反射更多的阳光。这件事可不是想当然的，有科学家用超级计算机推算，气温上升、空气对流加剧的结果是云彩会被打散，会消失。6500万年前的一次生物大灭绝就可能是温室气体急剧上升的结果。当然也有科学家反对这一说法，这里面的逻辑又是说来话长了。

难熬的回南天总算过去了

看到广州的朋友分享蔚蓝色的天空，真替他们高兴，难熬的回南天总算过去了。

热空气上升，里面的水分遇冷凝结出水珠形成云彩。如果暖空气突然来到寒流所在的地方，会是什么情况？会否像小时候家里的玻璃上冻出霜花，或者如坐满人的汽车开进冬日阴冷的街道，挡风玻璃很快就模糊了。

遇到冰冷的物体，空气里的水汽的确会迅速凝结，这就是雾。

为什么大雾多出现在早晨？因为经过了一夜，土壤乃至下层空气里边的热量一直在散失，是一天里气温最低的时候，空气中的水汽超过了饱和状态，多余的就凝结成微小的水滴，飘浮在低空形成雾。白天太阳一出来，地面和空气温度随之升高，空气容纳水汽的能力增大时，雾便随之消散了。

有一次我从四川开车去云南，刚出成都就发现前面的高速公路封闭了，急忙下车到收费口探听情况，聚在那里的司机不慌不忙，仿佛这是常态，告诉我耐心等就行。果然，没到中午天空就放晴了。说起中国的气候类型，远在内陆的四川盆地居然是海洋性气候，这就是后话了。

中国是典型的大陆性季风气候区，有海洋性气候特点的地方不多，南方沿海是为数不多的区域。所谓海洋性气候，是因为海洋巨大的水体对太阳辐射和大气散射有着远比土壤、山石更强的吸收和储存能力，也能把能量缓慢地释放出来。海洋比大陆热得慢，热得不那么激烈；同时也冷得慢，冷得不那么透彻。通常海边的冷热要比内陆慢上半个月。

可即使这样，在强烈的大陆性季风气候统御下，冬天寒潮一来，南方沿海地区也是很冷的，又因为没有暖气，冻得人没处躲、没处藏。前年冬天我在广州的中山大学学习，10月底去时还炎热难当，11月中下旬天气变得非常舒适，如同北方的初秋，干燥又温暖，太阳晒在身上暖洋洋的，室内也不冷不热。12月开始有了凉意，中旬就冷起来了，城市里的人们纷纷走到珠江边野炊晒太阳，室内就有点儿冷。尤其当寒潮来袭，室外阴冷，最高温度也就十二三摄氏度，室内更是冷若冰窟。那几天我每晚烧好几壶开水，自我安慰是烧暖气，可基本上没效果，还弄得室内潮气重，只好作罢。

如果按气候类型划分，广州还属于典型的海洋性气候，一次寒潮就入了冬。不只广州，就连更靠南的海南岛的海口市，寒潮一来也得穿上羽绒服。有一年我住在雷州海峡的海边上，面向大海，正朝着北方大陆的方向，真是海风阵阵、浪声滔滔。去海边散步都要穿薄羽绒服，可往岛内走，走不到1千米就得脱掉，走2千米恨不能只穿T恤。白天海水升温慢，陆地升温快，这是最直接的写照。

我国的冬季取暖政策是以秦岭—淮河为界，以北有暖气，以南只能生扛。相对而言，广东、广西沿海和海南岛都是冬季避寒的好去处。可一过春节那里的苦日子就来了，那就是回南天。从2月到3月，冬去春来、乍暖还寒，总有那么十几天，一觉醒来你会发现窗外的世界陷入了茫茫雾海。空气湿漉漉，如坠雾中。衣服晒不干，被子都是潮湿的，窗玻璃上挂满水珠，墙壁乃至地面都会冒水。有人说回南天就是南方人的噩梦，让人无处躲、无处藏，天空偶尔露出一线阳光就像过节一样。

雾属于自生自灭的局地的水汽现象，如果有源源不断的水汽来源，雾气就不那么容易消散。回南天是来自海面上的潮湿空气回到尚未升温的陆地所发生的天气现象，是季风气候下沿海特有的天气现象。

我国是典型的大陆性季风气候区，冬天，来自西伯利亚的冷风从西北向东南刮，在大陆上肆虐，压制着西南海面上的暖湿气团。开春后，暖湿气团开始反攻，双方的实力此消彼长，春节后正处于相持阶段。当暖湿气团登了陆又无力向内陆推进时，便在沿海寒冷的土地上卸去水分，给沿海地区带来无尽的湿气。回南天的水汽凝结主要发生在近地表的空气中，如一团大雾紧锁着华南的平原和山地，白天太阳再发力，也只能偶尔掀开一角，又被后续的水汽凝结填满。

回南天真是让人抑郁的一种存在，为了吸水，我看到有人特意在地板上铺了报纸；天气预报员则告诫居民关好窗户，阻挡水汽。还有东北的老年人，因为回南天而打消了在南方置业的念头——回南天发生的时候北方还未走出冬天，候鸟也不能返航。

正是回南天的存在，凸显了三亚作为国内沿海唯一热带区域的价值。其实三亚的纬度是北纬18°，离传统意义上的热带还挺远。在泰国，处于同纬度的清迈要算避暑胜地了。三九天到三亚下水游泳得哆嗦着壮胆，体验和热带岛屿迥然不同。可一座只有3万多平方千米、算不上大的岛屿，南北纬度相差不到2°，海口（北纬19°31′32″—20°04′52″）和三亚（北纬18°09′34″—18°37′27″）的气候确实是天差地别，海口愁云惨雾时，三亚可能是艳阳高照，海口笃定会遭遇回南天，但在三亚，回南天的出现却是极小概率事件。

这就要说到海南岛的地形地貌及其塑造出的小气候了。海南岛是一座大陆岛，也就是和大陆地质构造相同的岛屿，造山运动下岛屿中部不断抬升，形成了山地位于中央，丘陵、台地、平原依次环绕四周的地貌特征，中部最高山五指山高达1867米，比泰山还高300米。山地阻挡住已是强弩之末的寒潮，三亚及其周边沿海得以享受到海洋性气候的温暖。

大陆性季风气候再典型，也在海南的南端被五指山拦住，让位给了非典型的海洋性气候。

回南天一过，紧接着，当来自海洋的暖湿气团更加强健，就会把冷气团推向长江中下游地区。经过太阳的烘烤，地面温度上升，冷暖空气交战的主战场不再是地面，而是比较高的空中，江南的梅雨天气到来了。梅雨发生在梅子成熟时节，以毛毛雨为主，和回南天的水汽直接凝结在地表物体上的发生机理有所区别。梅雨天暖湿与干冷气团的碰撞更激烈，天空中也有更多的对流活动。

梅雨发生的地域范围也更广，除了我国的长江中下游，韩国和日本也下梅雨。

中国雨带"三级"跳

大陆分隔了海洋，海陆不同的水热特点形成了季风气候，全球沿着纬度分布的环状气压带也就被亚欧大陆分隔开了。本来应该笼罩着我国国土大部分区域的副热带高压带退到了海上，称为西太平洋副热带高压带，高压带空气下沉、晴空少云，但在它的边缘却是气流上升、多云多雨。由于季风在西太平洋副热带高压带的西侧流动，到了夏天，我国雨带的北跳与它的位置和强度密切相关。

随着气温转暖，西太平洋副热带高压带会出现两次明显的北跳，对应着我国梅雨期和华北雨季的开始。第一次北跳大约发生在每年6月中旬，西太平洋副热带高压带的脊线越过北纬20°，在北纬20°—25°徘徊；7月中旬出现第二次跳跃，脊线迅速跳过北纬25°，以后摆动于北纬25°—30°。

与之相应地，5月中旬到6月上旬，我国雨带位于华南，此时华南进入前汛期。6月中旬到7月上旬，雨带位于长江中下游和江淮地区，形成梅雨天气。7月中旬到8月下旬，雨带位于华北和东北地区，此时华北和东北进入雨季。

当西太平洋副热带高压带的北跳出现异常时，中国大地就可能旱涝不均。

原来飞机颠簸时，我们还在对流层

如果你乘坐机型比较先进的飞机，座位前方往往会有一个小屏幕，可以调出飞机飞行的实时状态。巡航状态下飞机飞得很稳定，垂直高度几乎不变，往往在1万米上下。在我们的想象中，这里就是平流层了，相对于下面的对流层空气几乎静止不动，不会给飞机带来扰动。

可飞机偶尔还是会颤抖一下，有时还会更剧烈地颠簸。这时候机舱的扩音喇叭里就会传来乘务长的安抚——飞机遇到了气流，请大家系好安全带。

按理说都到了平流层，空气应该是静止了。但实际上，大气对流层在低纬度地区平均高度为17—18千米，民航飞机是飞不到这个高度的，更不用说跨过对流层了。民航飞机的巡航高度基本是在对流层的上部，并不能完全摆脱气流的影响。海拔越高空气越稀薄，相同的速度提供的升力也越小，飞机在万米高空飞行，这是综合考虑经济性和安全性得出的最优解。

坐在飞机上，我们感受到的不稳定气流通常尺度都不大。作用于机身机翼的气流在速度和方向上都不一样，才造成了机体的颠簸。遇上普通气流也会产生颠簸，不过很快就可以恢复，并不会影响航行。对飞行安全产生重大隐患的气流是风切变，也就是空气流动突然转向，比如一股风从天上砸下来，撞到地面就会向四外散开，飞机冲入这一气流区先是被逆风顶托，继而是顺风失去向上的升力。乱流导致的失速是飞机航行安全的最大威胁。

我们坐飞机最关注的要数飞行时间了，从北京到海南去程4个小时，回来只要3个多小时，中间差了四五十分钟。合肥到成都一去一回相差半个小时，而从上海到巴黎的长途旅行，来回差1个多小时，这当然不是因为地球自转，飞机、大气和机场跑道处于同一惯性系，自转不自转，对依附其中的一切作用是等量的。

高空中的风向和地表的风向是否一致呢？一般来说，同一地区，高空的风和近地面的风风向并不一致，甚至是相反的。这就要引入三圈环流的概念了（图4）。

说起大气环流，还要提到一个在天文学上赫赫有名的人物，就是那个准确预测哈雷彗星每76年造访一次地球的天文学家哈雷。他生活在大航海时代的英国，还曾参与远洋航行，那时，远洋船最怕的就是几天乃至几个星期不刮风。

航路上有一个特定的纬度被绝望的水手们称为"马纬度"（30°附近）。北美大陆没有马，欧洲人把往美洲运马匹当成发财致富的手段，可碰上风平浪静的日子，船只纹丝不动，不光马匹渴饿而死，船员还得靠杀马续命，海面上漂着马的尸体，真是一个让运马人绝望的纬度。后来人们才明白，这里是副热带高压带，之所以无风，是因为高空气流在这里下沉。

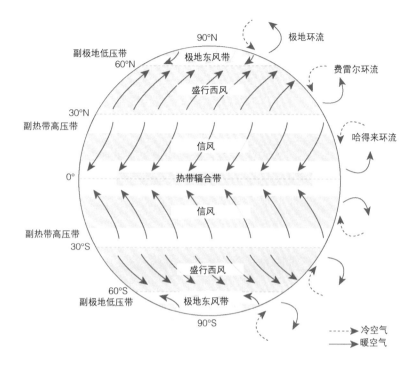

图4 三圈环流示意图

　　哈雷在17世纪末期第一个提出信风理论，描述了热带信风的基本规律：赤道无风，赤道以北盛行东北信风，以南则为东南信风。他认为信风是热带空气上升，吸引两边的空气来补充而形成的，印度洋信风是海陆温度变化形成的。哈雷还绘制了南北纬30°间的信风分布图。

　　几十年后的1735年，同样是英国科学家的乔治·哈得来提出了大气环流圈概念，当时人们对行星尺度风的认识还局限在盛行西风与信风上。哈得来的大气环流假设模型以赤道上的热空气上升为起点，轻热的空气在高空向两极移动，之后气流随着纬度变高而逐渐冷却，密度增高后下降到地表附近，然后又移动回赤道形成一个环流圈。不过，哈得来还没有意识到空气在副热带高压带就下降了，未如他所假设的吹至两极，而是在马纬度便沉降，然后以信风形式吹回赤道。

2022年，俄罗斯与乌克兰发生冲突，北约国家制裁俄罗斯，俄罗斯的一个反制手段是禁止不友好国家的航班在俄罗斯领空飞行。这样一来，从亚洲东部到欧洲很多航班的飞行时间不得不延长两三个小时。

可直觉上，我们从东往西飞，难道还要先往北吗？的确是这样，地球是圆的球体，飞越北极上空的航线，连接着美洲、亚洲和欧洲，距离比沿着纬线东西向飞近多了。处于航路的节点位置，莫斯科成为亚欧旅客换乘的一个重要枢纽港。俄罗斯航空运营的航班要比其他国家的航班更廉价，可冲突一来，没法抄这条近路了，国际旅客要花费更多的金钱和时间。

我们知道极地的风异常凛冽，西伯利亚号称北半球的寒极，可在极地的上空，对流层的高度只有8千米，比赤道上的17千米少了一大半。至于原因，就是地球自转的离极力。因为旋转，地球的赤道是微微鼓起的，气体流动的摩擦力更小，运动更为自由，鼓起得便更多了。

2022年初发生事故的东航航班，巡航高度为8869米。在北回归线附近，这个高度的飞机是没有摆脱对流层的，但到了极地上空，就确实处于平流层了。平流层对飞机而言是更安全的地带，当我们横跨亚欧大陆，或在美洲和亚欧大陆之间飞行的时候，向下看到白雪皑皑，想象中也是狂风怒号、冷到彻骨，但其实这里的天空是最安全的。

说回大气环流。既然哈得来环流在马纬度被截，我们不妨按照这一环流的产生机理设想一下极地环流的情形。这里越靠近极点，地表接收到的太阳辐射能量越少，就形成了一个寒冷梯度，越冷的中心区域空气密度越大、气压越高，于是向周边流动，高空中则是空气从极地外围向极地内汇聚来补充。这一环流也在纬度60°附近的副极地低压带停止。

当然，无论是哈得来环流还是极地环流，都受到地转偏向力的制约，跨越30个纬度后由南北向转为东西向，停滞不前，再形成闭环。

两大环流之间就是著名的西风带，从副热带高压带吹向副极地低压带的风在地转偏向力影响下，变成了偏西风。西风带又称暴风圈、盛行西风带，地转偏向力的影响远比赤道附近大得多，风力也就比信风强劲。在对流层的上空，空气则是自副极地低压带向副热带高压带流动，受地转偏向力影响，刮的则是东风。

西风强劲，极地的风也同样厉害，两股风交汇在一起，完全不像副热带高压带那样风平浪静，而是暖湿气团与干冷气团正面硬刚，形成锋面，称为极锋。暖湿空气被冷湿空气像楔子一样嵌入，抬升而形成降雨降雪。欧洲和美国到了冬天暴雪连连，大雪不仅封山，而且封堵平原上的道路，家门都出不去，就是因为极锋南下的极端气候。

这就是中纬度环流，一个在动力上依赖低纬度和高纬度环流的次要环流。

现在我们对三圈环流有了概念，这是一代又一代气象学家经过几百年才总结出来的气象学理论。实际上，三圈环流理论还不完善，大气环流中的一些现象，如高空的风向、风速和范围等没有得到很好的解释。

在地理爱好者的圈子里，流传着神秘的北纬30°的说法，古埃及、古巴比伦、古印度和我们中国的古代文明都大致落在这一纬度区域。这里是四大古代文明的发源地，因为气候半湿润半干旱，有利于原始人类从以渔猎为生转移到以农业养殖为主的文明状态。

高空中的低压槽和高压脊

中国大部处于北半球副热带高压带之北，本应盛行的是西风。可位于世界上最大的大陆亚欧大陆东部，又紧邻世界上最大的海洋太平洋，特殊的地理位置使我们这里以季风为主。

不过，在我们感知不到的高空，西风依旧，且在地转偏向力的影响下波动，波长以数千千米为尺度。当西风向偏南方向移动时会加速，空气变得稀薄，在天空中产生低压槽；当西风向偏北方向运动，会减速，空气拥塞产生高压脊。

槽和脊又影响到下层的空气，槽前、脊后下层空气聚合流动，脊则如同给大气戴上了帽子，空气下沉，天气淡静。于是，根据高空槽与脊的位置和运动，天气预报会预测槽前多雨雪等激烈的天气过程。

神秘的30°还是空难和船舶失事的多发地带，有人将之归因为神秘的百慕大三角区正好坐落在这一纬度上。但如果我们从大气运动的角度看，不管是北纬30°还是北纬60°，都是空气聚合之所，尤其是北纬30°，正是高空空气聚合向下俯冲的地带，气流南北夹击，于是上空气流湍急，危机四伏。

厄尔尼诺和拉尼娜，一对调皮的孩子

讲到海洋对气候的调节作用，我想起小时候去北戴河的经历。北戴河和北京处于同一纬度，相距将近300千米，那时候坐火车得走半天，现在1个多小时就到了。每年炎炎夏日，各大机关单位都组织员工去那里避暑，海边的小山包上星罗棋布着疗养院，白墙红瓦、松涛阵阵，在孩子的心目中，真是天堂一样的地方。

北戴河最早是外国商人和传教士发现的。1898年（光绪二十四年），清政府见洋人们纷纷在这里建别墅，索性宣布北戴河为外国人避暑地，引来了一群开发商，北戴河的小山上冒出了一座座度假小别墅。

海边的夏天凉爽，冬天也不那么干冷。但具体而言，海边和内陆温度差多少？达到最高温的时间和内陆相差多少天呢？30年前，我学地理的时候只知道大概差半个月。现在有了互联网上的海量资源，我们就可以知道一个精确的数字了。在Weather Spark网站，我查到北京市多年来最高平均温度出现在7月16日，最低平均温度出现在1月11日；北戴河所在的秦皇岛最高温度出现在7月28日，最低温度出现在1月18日。这就说明以北京和北戴河而言，海边和内陆的温差还不到半个月。具体而言，夏天的最高温度大概差2℃左右，冬天差距更小。

如果说北戴河靠的是水又浅、面积又不大的渤海湾，我们不妨再用更远处的位于辽东半岛尖端的大连来比较。大连多年来最高平均温度出现在8月6日，最低平均温度出现在1月18日。说明在夏天，海洋水体对热量的吸收将当地最高温度出现的时间推迟了更多，与北京相差足有21天。

有趣的是，虽然身处东北，但大连的纬度比北京还要低1°呢。

如果没有海洋，没有空气，我们的地球就会像火星一样，太阳照到哪儿，哪儿马上升温，太阳一落山又迅速冷寂下来，那么中国北方最热的一天应该是夏至（6月21日前后），最冷的一天应该是冬至（12月21日前后）。

所以说，空气和海水真是神奇的蓄能池。

海洋占地球面积的71%，太平洋又占到海洋面积的46%，一个太平洋的面积就比所有陆地加起来还要大。那么太平洋的风吹草动，会不会带来全球气候的连锁反应呢？

事情还真是这样。在南美洲的秘鲁和厄瓜多尔等沿太平洋国家，沿海流经的是著名的秘鲁寒流，水流卷起海底的营养物质，鱼群追随寒流，使这里成为世界上最大的渔场之一。200年前，渔民们发现每隔几年就会有一次夏季水温异常，寒流不那么寒冷了，冷水鱼因水温变化大量死亡。往往在圣诞节前后死鱼现象最为严重，渔民们于是将之称为"上帝之子"，也就是厄尔尼诺，西班牙语"圣婴"的意思。

圣婴一来，以鱼为食的海鸟都要饿死一大批，以打鱼为生的渔民们只好忍饥挨饿一阵子。

厄尔尼诺是如何形成的呢？尽管到现在也没有一个非常肯定的结

论，但一些解释还是很靠谱的。讲到大气环流，当从副热带高压带吹向热带的信风接近赤道的时候，已经被地转偏向力完全转过弯来，由南北向改成东西向了，于是，南北半球各两股自东向西的信风将海水从东太平洋吹向西太平洋。再加上地球自转的作用，西太平洋的水位要比东太平洋高出几十厘米。为了补充被吹走的海水，东太平洋海水上涌，带来了海底的养分，海底的冷水浮到了表面。这是由哈得来环流引起的太平洋赤道附近海水的大挪移。

赤道附近的太平洋水温分布西高东低。在西太平洋，海洋赋予了大气巨大的热量，使这里的空气温暖而潮湿，盛行上升气流，大气对流活动强烈，雨水多，台风也多，是太平洋降水最为频繁的地区。那么，当热空气上升到高空，除了我们知道的向着两极方向流动，实际上也受太平洋上空低压区域的吸引。东太平洋相对寒冷，海面形成高压区域，空气向外围流散，上空的空气向下俯冲补充。赤道附近的东、西太平洋，于是形成了一个闭合的空气环流，这个环流也被称为沃克环流（图5），是20世纪初英国科学家沃克发现的。

现在我们可以把发生在南美洲的厄尔尼诺和全球更大范围的天气现象联系起来了。每隔几年，当秘鲁的渔民们观察到圣婴来临，意味着这里的海水不再像平常那样冷，海面上的高压也就降下来了，沃克环流的内在动力随之减弱了。减弱的结果便是，南美洲中部盛行的下沉气流减弱，那里雨水多起来，甚至暴雨成灾。

当厄尔尼诺发生时，海洋温度分布发生巨大变化，靠近我们的西太平洋水温没有过去那么高了，气压随着水温的下降而上升，气流上升的动力于是减弱，赤道东风减弱并向东撤退，沃克环流也会被削弱。同时，随着西太平洋暖水区向东移动，沃克环流的上升支和下沉

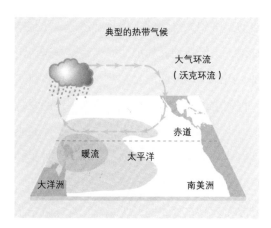

图5 沃克环流示意图

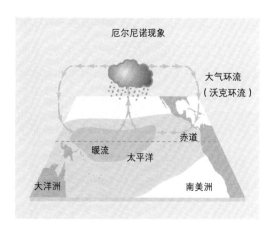

图6 厄尔尼诺现象示意图

支的位置发生偏移，对流活动的中心移至中太平洋上空（图6）。太平洋上空西湿东旱的状况也就发生了偏转。

对我国的影响也很容易推论出来。来自海洋的暖湿气团的动力减弱，登陆我国的台风变少，夏天我们这里容易干旱，降雨带很难推进到北方，厄尔尼诺给中国带来的是一个干旱而偏凉的夏天，但冬天相对暖和。这样看，除了对农业生产不利，厄尔尼诺对我们的生活似乎没有太负面的影响。

厄尔尼诺是圣婴、幼年时的耶稣，是男婴，于是人们就把和厄尔尼诺相反的天气现象称为"拉尼娜"，也就是"女婴"。拉尼娜是东太平洋海水异常变冷的现象，海水更冷，海面气压更高，沃克环流得到加强。一般拉尼娜现象会随着厄尔尼诺现象而来，出现在厄尔尼诺现象发生后的第二年。

拉尼娜一来，美洲西海岸的寒冷干旱是免不了的，对应的就是西太平洋的菲律宾、马来西亚、印度尼西亚等地降雨变多，台风影响的范围也扩大了。拉尼娜对大西洋地区的影响也非常大，每当拉尼娜出现，北大西洋的飓风会异常活跃。

2021年2月1日7时，黑龙江省漠河市阿木尔镇测得最低温度为零下49.7℃，是50年来最冷的一天。我国此前极端低温纪录为1969年漠河创下的零下52.3℃，当地人戏谑，极寒下的冻柿子可以碎砖块。我国冬季的严寒是全球拉尼娜现象的一部分，那一年冬天寒流一个接一个地降临，真是太难熬了。

现在，我们对厄尔尼诺和拉尼娜的解释似乎能够自圆其说了，可话说回来，这一切的开始，海水温度的升降又是从何引起的呢？气象学家想到的是德雷克海峡，如果那里被海冰堵塞，秘鲁寒流会加强，反之如果水道通畅，寒流就弱势。

德雷克海峡是地球气候的一个开关，这种说法是否夸张了，是否有哗众取宠之嫌呢？或许吧，科学的论证需要严谨的证明，如何把德雷克海峡的惊涛巨浪与远在亚洲的中国的极寒冬天建立因果关系，得拿出很多证据，这可不是一件容易的事情。

全球变暖，气候极端化背后的"碳循环"

2021年9月2日，世界气象组织（WMO）发布报告称，过去50年与天气有关的灾害事件数量暴涨5倍，半个世纪中，平均每天都在发生一场与天气、气候或水患有关的灾害，平均每天造成115人死亡，以及2.02亿美元的损失。

天气变得恶劣，离不开气候变暖的作用。台风形成的硬性条件之一是洋面温度不小于26.5℃，只有在这样高的水温下，洋面水汽才能大量蒸发，并在地转偏向力的作用下螺旋上升，形成云团，云团越转越大，最后形成了热带气旋。按照《中国气候变化蓝皮书（2021）》的数据，全球海洋热含量呈显著增加趋势，且20世纪90年代后海洋加速变暖。近30年海洋增加的热量是此前30年的5倍多。2020年，全球海洋热含量为现代海洋观测有史以来的最高值。

按照2015年达成的《巴黎协定》，各签约方将加强对气候变化威胁的全球应对，把全球平均气温较工业化前水平（1850—1900年平均值）升高控制在2℃之内，并为把升温控制在1.5℃之内而努力。只有全球尽快实现温室气体排放达到峰值，21世纪下半叶实现温室气体净零排放，才能降低气候变化带给地球的生态风险以及带给人类的生存危机。彼时，全球气温已较工业化前提升了0.87℃。

2021年8月，联合国领导的政府间气候变化专门委员会（IPCC）发布新的报告《气候变化2021：自然科学基础》，再次给人类未来画出了红线警告：未来20年，全球气温升高程度将达到或超过1.5℃，如果不大力减排，气候变暖将给人类带来不可控制的严重后果。

报告指出，地球上每个地区都面临着越来越多的变化，在未来几十年里，所有地区的气候变化都将加剧，极端高温和降水事件将越来越频繁。气候变化正在影响降雨分布，在高纬度地区，降水可能增加，而亚热带的大部分地区则可能减少。

中国的气候又是特殊的，我们身处世界上最大一片陆地亚欧大陆的东端，境内还有号称地球第三极的世界屋脊青藏高原。在行星环流系统中，副热带高压带以北的我们本该处于常年刮西风的西风带，却因为大陆与海洋水热条件的差异，形成了典型的大陆性季风气候，夏季东南风从海面刮来，带来潮湿的水汽，冬天来自西伯利亚的凛冽寒风横扫，寒冷干燥。

在气候变化上，中国又是全球气候变化的敏感区和影响显著区，升温速率明显高于同期全球平均水平。《中国气候变化蓝皮书（2021）》显示，2020年全球平均温度较工业化前水平高出1.2℃，是有完整气象观测记录以来的三个最暖年份之一。1951—2020年，中国地表平均气温升温速率为每10年0.26℃，这意味着70年间我国温度上升了1.8℃。

1961—2020年，中国平均年降水量也呈增加趋势，平均每10年增加5.1毫米，江南东部、青藏高原中北部、新疆北部和西部降水增加趋势尤为显著。与之相伴的是，1961—2020年，中国极端强降水事件呈增多趋势，30年来，中国气候风险指数已经明显增加。当一个个让人心惊肉跳的数字在眼前闪现，我在想，究竟应该如何理解这些气象数字？每天打开手机，温度、降水概率乃至风力风向都如影随形，关心天气状况已经成为我们日常生活的一部分。可对于更大尺度的气候变化，我们只是停留在对极端气象事件的感官冲击里，而《巴黎协定》里的1.5℃和2.0℃却是如此抽象而遥远。原因也简单，日常一二摄氏度的天气变化是不容易感知到的。

2002年，我在美国的一所大学里读研究生，论文题目是沙漠植物对二氧化碳的固定作用。整整一个夏天，我都要到位于美墨边境的奇瓦瓦沙漠里，沿着土壤剖面自上而下采集土样，分离里面的草根、树根等有机质，拿到实验室里用坩埚烧出二氧化碳，精确地计算出植物如何通过光合作用和自身生长来固定空气中的二氧化碳。夏天的沙漠里阳光灼热，根本没办法作业，我们先用大铲车在土地里挖了深沟，再在沟里干活，即使如此也要很早出发，趁着太阳还没有直射进土沟时取完土样。

植物的碳汇是大自然生态系统中二氧化碳循环的重要环节，地球在亿万年的演变过程中，曾经因为火山喷发，空气中充斥了大量二氧化碳，植物通过光合作用将这些碳固定、储存下来，最终形成了碳的掩埋。

地球的碳循环图景还有更复杂也更隐秘的方式，在奇瓦瓦沙漠的土壤层里，地下1米多深的地方有一个异常厚实且坚固的白色碳酸钙层。而碳酸钙的成分，如同我们在地球上俯拾皆是的石灰岩，绝大部分是远古生物的产物，由贝壳类生物、藻类植物以及动物骨骼在漫长的历史年代中沉积下来，在高温高压的环境下变成了石头。这是碳循环的一种更为长期的链条。

月球上没有碳酸盐，人类探索火星的过程中，发现过碳酸盐矿物，一度成为探索火星的重要发现。水加二氧化碳，与钙、铁或镁混合起来，就会形成碳酸盐。碳酸盐会在酸中快速溶解，这向科学家昭示出，火星可能曾经有过一个非常温和而且良性的环境，足以孕育早期的生命。

2002年，NOAA（美国国家海洋和大气管理局）公布，远离人类影响的夏威夷冒纳罗亚观察站测得大气中的二氧化碳浓度是373ppm，也就是百万个大气分子中有373个二氧化碳分子。2020年，尽管新冠疫情降低了全球经济的运行速度，二氧化碳排放减少了7%，但仍是有记录以来第五个高增速的年头。2020年12月，观察站测量的二氧化碳浓度是414ppm，2021年5月就达到了419ppm。

自有观测以来，人们注意到二氧化碳的浓度有着明显的季节性变化：在北半球每年的夏末秋初，大气二氧化碳水平较低，原因是春夏两季植物生长旺盛，光合作用将二氧化碳转化为糖分和植物所需要的物质储存起来；而秋季到冬季植物释放出储存的碳，大气二氧化碳水平又迅速上升。全球经济重启后，石油、煤炭等能源价格大幅度反弹，温室气体排放无疑又将创纪录了，以至于冬天二氧化碳的高浓度很快就被夏天本来该有的"低浓度"打破。

有预测称，2021年空气中二氧化碳的含量将超过工业革命时期的一半，全球变暖的警钟唯有敲得更响，才能警醒世人。

Part 3 探知世界的模样

首航新大陆，竟是因为算错了

哥伦布首航新大陆，居然是因为算错了地球的周长，把本来两万多千米的航程算成几千千米。也幸亏算错了，他才敢于坚持下去，还歪打正着抵达了新大陆，可见失败的确是成功之母，甚至错误也可以是成功之母。

哥伦布所处的时代相当于我国明朝初期到中叶，他成年后生活在扼守地中海咽喉的伊比利亚半岛上的"两颗牙"——葡萄牙和西班牙中的葡萄牙，曾在商船上做过海员，还当过海盗。那时弥漫在"两颗牙"里的是海外探险、抢财宝、抢殖民地的风气。

葡萄牙是个国土面积非常小的国家，因为在直布罗陀海峡与非洲隔海相望，那里的人经常驾着船到非洲海岸去探险，葡萄牙还开设了世界上第一所航海学校。所谓探险，就是找到一块儿别的欧洲人没有去过的地方，插个旗子宣布是自己的领地，国王再任命这个冒险家为当地总督。真是一本万利的生意，但探险的代价也很大，九死一生。

在哥伦布之前，葡萄牙人迪亚士已远航到达了非洲最南端的好望角，证明大西洋和印度洋是连着的。这就意味着走海路可以绕过阿拉伯人的土地到达印度。要知道，欧洲人太迷恋印度的香料了，可因为阿拉伯人占据着陆路通道，香料价格飞涨，欧洲人都吃不起胡椒了。后来另一位伟大的航海家达·伽马果然走通了这条航线，带着印度的香料返回欧洲赚了大钱，足有60倍的利润。

哥伦布也想去印度，他琢磨出一条更省时省力的路线。从古希腊时期起，欧洲就普遍流传着地圆说，葡萄牙的航海家们沿着非洲海岸向南航行，也的确发现北极星越来越低，到最后都见不到了，地圆说在公众心中已然成为事实。哥伦布于是向法国、葡萄牙和西班牙等国的宫廷兜售他的梦想——既然地球是圆的，为什么不一直向西航行，绕地球一圈去找到印度呢？

早在古希腊时期，亚里士多德就通过观察月食发现地球是圆的。

我想他一定是用"三段论"推导的：月食时地球投在月球上的阴影是弧形的，日食时月球遮住太阳也是弧形的，既然月亮是圆的，为什么地球不是圆的呢？

> **TIP**
> 亚里士多德的"三段论"
>
> 亚里士多德是逻辑学的创始人，他的逻辑学尤其是"三段论"理论对西方思想史产生了无与伦比的影响。简言之，A、B、C三件事环环相扣，A推导出B，C属于A，C也就能推导出B，比如著名的"苏格拉底三段论"：大前提是所有的人都会死，小前提是苏格拉底是人，结论就是苏格拉底会死。

这就是思想的力量。

可惜后来基督教在欧洲兴起，并且一手遮天，人们的思想被禁锢住了，古希腊很多光辉的思想被遗忘在图书馆里。地理大发现和文艺复兴是欧洲走向现代化的两股助推力量，哥伦布所处的时代刚好是欧洲从中世纪的千年黑暗中慢慢苏醒的时期，他一定是看到了托勒密那张沉埋很久的著名的世界地图，于是对地球的状况有所认知。

图7　托勒密地图。此为15世纪复原图，依据托勒密世界地图绘制

　　说到托勒密，最让我们印象深刻的应该是他提出的地心说，哥白尼就是小心翼翼地否定了他的地心说，把人类的认知推进了一大步。托勒密是生活在公元1—2世纪埃及亚历山大港的罗马公民，兼有数学家、天文学家、地理学家等身份，还担任过亚历山大图书馆的馆长。他撰写了一系列科学著作，据推测，他向来往于亚历山大港口的水手们打听航海见闻和经历，写下了《地理学》，书中还附有一张扇形的世界地图（图7）。这幅地图有经纬线网格，并以符合球体的扇形方式展开。这也是我们现在把地球投影到平面上的方法。

　　这本地理学巨著随着古罗马帝国的分崩离析而埋没，直到1300多年后，探索未知大陆的热情开始在欧洲蔓延，其抄本才在罗马城的古代书卷中被发现。欧洲人如梦方醒，原来早在古希腊和罗马时期人类就知道地球是圆的。

古希腊人岂止知道地球是圆的，他们还测出过地球的周长，这就是生活在公元前3世纪，被西方地理学家推崇为"地理学之父"的埃拉托斯特尼的壮举。他第一个创用了西文"地理学"这个词，并将它作为《地理学概论》的书名。

埃拉托斯特尼真是个天才，他将天文学与测地学结合起来，提出在夏至日分别于两地同时观察太阳的位置，并根据地物阴影的长度差推导出地球的圆周长。埃拉托斯特尼选择处在同一子午线上的两地西恩纳（今天的阿斯旺）和亚历山大，在夏至那天观察比较太阳的位置，得出地球圆周长约为39375千米，修订后为39690千米，与地球实际周长几乎一样。"坐地日行八万里"说的就是在地球赤道上，每天相当于跑了40000千米的路程。

为什么埃拉托斯特尼成功了？我想除了古希腊、古罗马的思想氛围，还有当地的地理因素。亚历山大港地处北纬31°，离北回归线不远，阿斯旺则几乎就在北回归线边上，太阳有机会直射下来。传说那里有一口井，每年都会有一天太阳能晒到井底，这独特的现象一定给了当地人启发。当然，发现只留给那些有准备的头脑。

再说回哥伦布，他没什么文化，对地理知识一知半解，却很自信地认为亚欧非三个大洲的面积占地球总面积的6/7，海洋只占地球总面积的1/7。因此，按照地球经度是360°来计算，从西非海岸到亚洲东岸，其间的经度不超过80°，航行2000多海里就能到了。

哥伦布很幸运，没找到印度却碰上了美洲。他的另一个幸运在于，资助他的西班牙女王轻信了他的错误计算。

而在哥伦布向葡萄牙王室推销时，葡萄牙的专家们用更接近正确的计算，否定了哥伦布航线更近的猜测。西班牙的委员会则是另一番情景，一位委员会专家问哥伦布：如果地球是圆的，你的船必然有一段航程是从低处向高处"爬坡"，如何才能"爬"上去呢？哥伦布也回答不上来。

　　如果是你，你回答得上来吗？

把船推向新大陆的风

你有观察过托勒密地图吗？你一定注意到了周边那些鼓着腮帮子吹气的小人吧？水手们航海需要风做动力，他们不知道风从哪儿来，一定以为是天使在帮助芸芸众生吧。

在蒸汽机发明之前，古人航海靠的是人力或风力，相对于茫茫大海，人力太过渺小，所以主要还是靠风力。人类最初发明的四角帆船靠着风的推力，只能顺风行驶，后来有了三角帆，帆可以绕着桅杆转动，逆着风也能前行，于是催生了人类向海洋深处的探索。

说到地球上的风，最好还是先从行星尺度来俯瞰一下，获得一个上帝视角的感知。仰望星空，太阳系最大个头的行星是木星，与近太阳的四颗固态行星不同，木星是气态巨行星，质量大，转速也特别快。气态行星的构成和太阳类似，但太阳很热——构成它的主

> **TIP**
> **气态巨行星**
>
> 又称类木行星，是主要由氢和氦组成的巨行星，外层是氢气，包围着液态的氢，可能有着熔融的岩石核心。太阳系的四大气态巨行星中，天王星、海王星又被进一步细分，称为冰巨行星，因其构成主要是较重的挥发性物质（如液态或固态甲烷、氨等），性质与冰类似。

要成分氢以等离子态存在，而气态行星很冷，构成它的氢以氢气的状态存在。

木星是颗漂亮的星球，它有着木头般的纹理，仿佛大理石的材质，沿着纬度线平行排列着巨大的花纹，有白色的，有深褐色的，内部还有或如水流或如漩涡一样的纹理。这其实是木星巨大的云带，也可以说是它的行星风带，浅色的是上升气流组成的云带，暗色的是下沉气流。又因为这是一个气态星球，旋转的状态和地球这种固态星球不一样，赤道面转得快，带动着高纬度的气体，因此有了如同彩带般平行而规整的形象。

一个"大气球"如何在太空中旋转，我们再有空间想象力，恐怕也想象不出如此美妙的画面吧。

我们的地球则不同，作为固态星球，大气都浮在地表之上，基本是跟着地面自转。在全球尺度范围内，地表接受太阳的热量不均匀，空气热胀冷缩，热空气上升、冷空气下降形成了地球的行星风带。地球上受热最多的地方在哪儿？一定是阳光直射区域，也就是赤道附近了。随着地球的公转，直射点在南回归线和北回归线之间移动，地球上的热量分布也会发生南移或者北移，成为空气流动的第一动力源泉。

赤道上的风受热最多，空气受热膨胀向上飞升。当热带的空气飞升到高空，势必要向两边散去，于是就会在南北纬30°左右降落下来，在这里形成大气的高压地带，也就是副热带高压带。而在地面上，赤道的空气上了天，形成低压区域，两边就会有空气来补充，飞过来的空气就形成了我们地球上最大尺度的空气流动，这就是行星风带的成因。于是我们看到，地球大气中，从赤道向两极分别形成了赤道低压带、副热带高压带和副极地低压带以及极地高压带四个行星尺度的气压带。在这四个气压带之间，空气从高压区域流向低压区域，也就形成了风带。

有了气压梯度，看似地球上大尺度的风都应该是南北向流动的，但无论信风带、西风带还是极地的东风带，人类对风带的命名似乎更强调风的东西向流动，这又是怎么回事？原因正是地转偏向力。地球自转，地球上所有的物体都沿着贯通南北极的地轴转动，所有地点的角速度都是相同的，可线速度却有着天壤之别，赤道上"坐地日行八万里"，到了南极点、北极点就是零速度。从赤道吹向南北的风，自带着比高纬度更多的惯性，而自极点吹向赤道的风，其自转的惯性就不及低纬度的地表物体。于是形成了偏转的力量，也就是地转偏向力。

有关地转偏向力的方向及其在地形、地貌、水流、大气运动中的作用，上文我们已经专门讲过，这里还是集中讲讲哥伦布首航新大陆所要借助的风。

欧洲是一片纬度偏高的陆地，巴黎比我国最北的省会哈尔滨还要靠北，相当于齐齐哈尔的纬度了。更不用说位于英国最南端的伦敦，纬度51°，和我国最北端的漠河几乎差不多。欧洲之所以气候宜人，主要是因为地处西风带，风从大西洋吹来，将流经欧洲沿岸的北大西洋暖流暖热的水汽带上岸，滋润了欧洲的山山水水，因而表现出比其他同纬度地区更为温暖的气候。西班牙和葡萄牙坐落于欧洲最南端的伊比利亚半岛上，地中海的出口直布罗陀海峡位于北纬36°，正好落在副热带高压带的北部边缘。随着季节变化，气压带和风带都会有向南或向北5°左右的季节性移动。如果选择合适的时机，再选好航线，哥伦布完全可以利用上信风带的东风，但他第一次远航选择了向西深入大西洋，逆风又逆水。他的船队于1492年8月3日出发，至10月12日最终历时70天才到达美洲的西印度群岛。又过了一年，1493年9月25日，哥伦布再次出发前往美洲，这次只用了34天便再次到达西印度群岛，就是因为船队先向南航行进入信风带，还借助从欧洲沿海南下的加那利寒流和从非洲流向美洲的北赤道暖流，真可谓顺风顺水，犹如天助。

至于哥伦布具有划时代意义的首航为什么能逆风而行，其中的道理要到18世纪由物理学家伯努利来解释了。伯努利定律也是飞机在空气中升空的动力，简言之：流体快速通过时产生更小的压力。当哥伦布船队的三角帆被风吹得鼓胀，空气通过它背后产生的压力大于它前面的压力，于是产生了推动的力量，逆风之下，帆船也可以调整航行角度，通过"之"字形的航线获得前进的动力。

地理环境决定论靠谱吗？

　　为什么首先抵达新大陆的是欧洲人而不是我们？郑和率两万人的船队下西洋，比欧洲的地理大发现早了将近百年。七下西洋之后，明朝就匆匆关闭了海上的通道，甚至连下西洋的记录材料都神秘消失。郑和下西洋的海图，到达了非洲哪些地点，沿途风土人情等诸多官方记载全都找不到了，让人叹息。西方却在一百年后，以更小的船、更少的资金和人力掀起了一场影响人类进程的地理大发现，原因在哪里呢？

　　我们试着从地形地貌、气候环境方面找找原因吧。

　　在中国古人眼里，欧洲人只是世界上蛮族的一种，凡是不居华夏之中，就是东夷、南蛮、西戎、北狄。中世纪的欧洲人也是这样看世界的，袭扰他们的都是蛮族和异教徒。中国与欧洲刚好处在世界上最大的大陆的两端，而这块大陆的相当一部分都处在副热带高压带这个极端干热的气候带的控制下，陆地又是如此广袤，水汽难以深入。中国和欧洲中间隔着茫茫荒漠，直到元代，马可·波罗把他在中国的经历以《马可波罗行纪》呈现给欧洲人，欧洲人才对东方的富庶有所了解。当然，就在马可·波罗来中国前的几十年，成吉思汗及其子孙曾沿着更高纬度的温带草原打到过欧洲，隔绝中的两大文明总算有了交集。

副热带高压带如同地球上一个宽大的腰带，所到之处一片荒漠。但对于海洋就是另一种面貌，空气因下沉而干燥，无风而少雨，地中海因此湛蓝而平静，对于南欧国家就如同内海一样存在着。

展开一张世界地图，将亚欧大陆的东部和西部做一个对比，其实很有意思。东部也就是我们国家的所在地，雄鸡的腹部深入东海，黄海和南海的海岸线犹如雄鸡圆滚滚的胸脯，曲线相对圆滑，而大陆不远处的大海中，是包括我国台湾岛在内的从俄罗斯堪察加半岛延伸到日本列岛，再到菲律宾群岛的长长的岛链。亚欧大陆的西部则是号称"半岛中的半岛"的欧洲，其海岸线在世界各大洲中最为曲折漫长，是一个多半岛、岛屿、海湾和海峡的大洲。

欧洲的海陆分布，如同一只巨大的八爪鱼把爪子伸进水里，当然这里只有四个爪，分别是北部的斯堪的纳维亚半岛和地中海上的伊比利亚半岛、亚平宁半岛、巴尔干半岛。整个欧洲除了东部连接亚欧大陆，北面、西面和南面都被大海包围着。大海穿插在陆地中间，把陆地隔成一条一块的形状，非常破碎，和大陆的另一端形成鲜明对比。

亚欧大陆的两边差异如此之大，当然和板块运动有关。东面面对的是扩张的太平洋板块，海洋板块和大陆板块相互挤压，也是板块的消亡边界，海洋板块俯冲向下形成马里亚纳海沟，陆地板块被挤压抬升，形成了西太平洋链状岛屿。岛屿链的背后则是完整的大陆板块，大陆板块相对稳定，因而也颇为平缓，形成了广阔的平原和沿海大陆架。我国的东海和黄海就是大陆架上的海，海水是很浅的。

欧洲的地中海三个半岛也处于板块碰撞的前沿，是亚欧板块和非洲板块相互挤压的地方，也是板块消失的边界所在。与大陆东部不同，这里是两个陆地板块的碰撞，非洲板块向下俯冲，亚欧板块被挤压抬升，欧洲最高山阿尔卑斯山就是这样被地质运动抬起来的年轻山脉。非洲板块在此消亡，地壳因此产生巨大的凹槽，海水填充进来，形成了地中海。地中海北部海岸线曲折，半岛一个连着一个，就是因为板块抬升形成山体，水灌进来，露出的都是山脉的高处；南部海岸线相对平直，则是因为板块下沉，河流和风带来的堆积物在此填充，形成了浩瀚的沙漠，撒哈拉沙漠的沙子平均有150米厚。

正因为地中海是由亚欧板块和非洲板块碰撞形成的，这里成为世界强地震带之一，还有著名的维苏威火山和埃特纳火山。板块碰撞挤压的同时，地中海的面积也在不断缩小之中。

两种完全不同的地形地貌，使人不由得想起地理学界曾经流行的一种理论——地理环境决定论。这一理论肇始于古希腊，亚里士多德就认为，人的禀性、民族的气质受到所在位置、气候、地形和地貌等条件的影响。18世纪的欧洲地理环境决定论盛行，主要表现为气候决定论，哲学家和启蒙思想家把地理环境当成决定民族禀赋、国家治理的决定性条件，如孟德斯鸠在《论法的精神》里就认为气候是决定国家命运的第一位因素，他观察到的现象是，热带地区通常为专制主义统治，温带地区则容易形成独立与自由的民族。

地理环境决定论有其合理的一面，热带地区物产丰饶，甚至连衣服都无须准备，原始人面临的困难比较少，社会发展也相对较慢。而温带地区的人们要应对季节变动，要学会储备食物，需要更多的社会合作，于是能形成相对复杂的社会结构。但地理环境容易解释相对初级的人类文明状态，一旦生产力进步，环境不再成为制约人类生产生活的决定性因素，这个理论也就完成了它的使命。现代社会有了制冷设备，有了安全可靠的卫生环境，热带也就出现了发达的国家和城市。

艳阳高照，地中海如一盆净水，上面又漂浮着众多的岛屿，给了古代航海技术不那么高明的人类以理想的"跳岛"环境。古代文明中，古希腊文明是唯一的海洋文明，其他的四大文明都是大河文明。除了面向广阔的大海，古希腊内陆地形最大的特点是山地多、平地少。破碎的地形形成了"小国寡民"的特征，城邦众多、文化异质，每个地方都是独特的，既有斯巴达那样军事化管理的社会，也有雅典的平民阶层民主制度，各种文化相互碰撞竞争。

及至古罗马统一了地中海沿岸地区，建立起罗马帝国，其内部也难以做到"车同轨、书同文"，一直是希腊语和拉丁语并行。随着帝国扩张，由于内陆地区的地理环境迥异于地中海的海洋环境，治理难度增大，每增加一片土地并未给国家带来规模效应，反而导致收益递减，这也埋下了罗马帝国分裂的隐患。

此后的欧洲，也曾有过多次大一统的努力，但都以失败告终，绝大多数时间都处于封建分封的小国寡民、势力均衡状态。漫长的海岸线，星罗棋布的岛屿，一条小船进可四海为家，退可偏安一岛，人员的交流方便而频繁，退守也自如。民族国家的形成首先在于民众的共识，民众对外交流得多了，也就难以达成统一的思想。因此，欧洲40个国家，拥有几十种语言。

这就如同我国春秋战国时代，小国竞争表面看很混乱，战争甚至异常残酷血腥，却诞生了五花八门的思想，影响了中华文明两千多年。各种科学技术也因为迫在眉睫的战争需要而试验着，应用着。人人都在试错，国家也在试错，一旦成功就成为全人类的财富。反之，死水一潭却将一事无成。

这里并不是美化西方地理大发现之后的殖民行为以及给殖民地人民带来的苦难，只是从地理学的角度追溯地理大发现的起源。

一场伟大的"盲人摸象"

　　读者朋友们，课堂上，当老师在讲授公式、定理、解题方法时，你们会无条件地接受还是会问一个为什么？你们是否会怀疑老师的说法乃至课本的标准答案？相信当然没有错，课本都是经过千锤百炼的，但内心里多问一个为什么，才能让你对知识的理解更上一层楼。

　　科学的精神，我想就在于怀疑，在于不停地抛弃成见、找寻答案。哥白尼怀疑托勒密的地心说，才有了日心说。人们把物体下落看得理所当然，所以古人总担心走到天边会掉下去。西班牙宫廷的元老们在论证哥伦布跨越大西洋寻找印度的可行性时，才担心船驶到地球的另一面会没力气爬升回来。及至牛顿发现万有引力定律，我们对世界的认知才找到了依据，其后200年间，人类就如同找到了世界运行的终极规律一样自信地生活着。为了使牛顿定律具有普适性，学者们还发明了以太的概念。直到爱因斯坦的广义相对论推导出引力场，空间因引力而变形，才解释了为什么引力能在空空如也的太空环境里传导。但是爱因斯坦就触及了宇宙的终极真理吗？

　　没有怀疑，科学不会走到现在，地理大发现其实也是一个不断进行的盲人摸象的过程。

在我们的语言里，盲人摸象是一种不自量力的、滑稽的行为，只见树木，不见森林。但我们对世界的认知何尝不是如此。在这里，我愿把盲人的每次触摸想象成获取知识的一个步骤、一次探险。你永远触及不到事物的终极模样，却可以一次次地接近真实。

古代中国人对天地的想象是"天圆地方"，天空就像一个穹隆罩在地上，于是有了女娲补天的传说。共工怒触不周山是另一个和天地有关的传说，共工是古代的水神，掌控洪水，他打了败仗后，一怒之下撞向不周山，把支撑天庭的四根柱子中的一根给撞断了，天塌下来砸到了大地，大地倾斜，从此水都往东流。既然天圆地方，大地是否有尽头？尽头处又是什么样子呢？我们中国人的禅机在这里派上了用场，比如孙悟空一个筋斗十万八千里，到了天涯海角的五指山下，还是没能跳出如来佛的手心。但的确也有人曾经认真地担心过到了地的尽头会不会掉下去。

不管怎么说，即使凭直觉，古人都知道大地的尽头是海洋，海洋的边上是什么，古人就不清楚了。

关于地圆说，中国人似乎也是先行者。如东汉张衡在《浑仪注》里写道："浑天如鸡子，天体圆如弹丸，地如鸡子中黄，孤居于内。天大而地小，天表里有水，天之包地，犹壳之裹黄。"但表述又很模糊，和天体的样子差得比较远。

元代西域天文学家扎马鲁丁向元世祖忽必烈进献西域仪象七件，其中就有地球仪。按《元史·天文志》的描述，这架地球仪"以木为圆球，七分为水，其色绿，三分为土地，其色白。画江河湖海，脉络贯穿于其中。画作小方井，以计幅员之广袤，道里之远近"。这已是

700多年前的事情。

不过即使到了西方传教士带来地圆说的明代,绝大多数中国人还是将信将疑的,比如明末大科学家宋应星在著作《谈天》中专门评论道:"西人以地形为圆球,虚悬于中,凡物四面蚁附,且以玛八作之人与中华之人足行相抵。天体受诬,又酷于宣夜与周髀矣。"

这里的宣夜与周髀指的是古人理解"天"的三种学说,一是盖天说,二是浑天说,三是宣夜说。这三种对天文的认识是汉代的天文学家提出来的,是国内最早的系统解释天文现象的学说。按照盖天、浑天的体系,日月星辰都有一个依靠,或附在天盖上,随天盖一起运动;或附缀在鸡蛋壳般的天球上,跟着天球东升西落。而宣夜说主张"日月众星,自然浮生虚空之中,其行其止,皆须气焉"。

那时候的中国人其实也如古希腊的亚里士多德,注意到月食是地球在月亮上的影子。

让我们还是回到西方的大航海时代,毕竟东西方的各种天文地理学说驳杂多样,如同漫天繁星,到大航海时代才终于"星星之火,可以燎原"了。

自宋应星的年代再回溯100年,那正是西方如火如荼的大航海时代。就在哥伦布首航新大陆的1492年,德国人马丁·贝海姆制作出第一个地球仪,上面写着一句话:"世界是圆的,可以航行到任何地方。"自然,哥伦布到达的美洲还没来得及显现在地球仪上。这个存世年代最久的地球仪,反映出不仅是地中海上的"两颗牙",甚至更北的国家似乎都充满了探究世界的热情。

西班牙和葡萄牙曾被来自地中海对面的北非摩尔人占领,直到15世纪,才好不容易赶走异教徒,实现了复国。伊比利亚半岛上,西班牙占了绝大部分地盘，葡萄牙面向大西洋偏安一隅，资源和人口都更弱势，这也就激起了王室的危机意识，恩里克王子一心想通过海洋来扩展国家版图，找到国家的生存空间。一场盲人摸象从此开始。

葡萄牙的水手们要从非洲沿岸开拓出一条航路，横亘于眼前的第一道障碍就是宽1300—1900千米的沙漠，这意味着岸上没有补给，前路一片未知。在非洲的这片不毛之地上，一个海角深入大洋，就是被称为"死亡之角"的博哈多尔角，在大航海时代之前，这里是欧洲已知世界的尽头。传说海角后面就是"黑暗的绿海"，其背后是太阳的领地，灼热的阳光下海洋像开水一样沸腾、翻滚，船只板壁和帆篷会燃烧起来，任何一个胆敢踏过这片洪荒之地的基督徒都会立即变成黑人。1434年，葡萄牙航海者第一次越过死亡海角，欣喜地发现一切如常，大航海时代正式开启。

横亘在葡萄牙水手面前的第二个任务便是绕过非洲。彼时的地图上，非洲大陆西海岸有一条通畅的水道，一直南下会到达一个通往印度洋的入口。几十年后，探险家迪亚士终于驾船来到非洲南部的海域，当船队航至大西洋和印度洋交界的水域时，海面狂风大作，惊涛骇浪，整个船队几乎覆没，他们把这里命名为"风暴角"，为图吉利，葡萄牙国王若昂二世将其改名为"好望角"。迪亚士本来有希望沿着非洲东岸北上发现印度，可他的船员们归心似箭，于是返航。开拓印度航路的任务落在了达·伽马的身上，9年后，他率领舰队经好望角成功驶入印度洋，两年后满载而归。

非洲东岸以及东岸到印度洋的航线其实不难探寻，郑和下西洋就曾经来到过这里，非洲人和印度人之间很早就有海上贸易，达·伽马的成功就得益于一位得力的引水员。值得一提的是，在太平洋、印度洋和大西洋三大洋中，唯独北印度洋与众不同，在冬、夏季风作用下形成季风环流。冬、夏两季风向不同，正适合顺风航行。阿拉伯人利用印度洋季风将伊斯兰教传遍了印度洋沿岸，郑和下西洋也基本顺着季风方向行进。

葡萄牙人完成了对亚欧航线的探险，但亚洲、欧洲和非洲本来就是连在一起的大陆，从古至今人员往来交流不断，文化相互渗透，战争征伐不止，在地理学的角度上，新航线的开辟很难称得上有划时代的意义。

大航海时代最伟大的远航来自西班牙，一是哥伦布抵达了新大陆，二是麦哲伦史诗级的环球航行。哥伦布到达过新大陆以后，至死都以为到了印度。为了纪念他的发现，人们将他登陆的中美洲岛屿命名为西印度群岛。我们知道，中美洲是非常狭窄的一段地峡，欧洲的探险者因此有机会穿过陆地看到太平洋。麦哲伦正是因此才坚信绕过美洲驶入太平洋，才能够找寻到真正的香料群岛。麦哲伦的航行历时3年多，出发时有265人，回来时只剩下18人，他本人也因卷入菲律宾的部族争端而殒命。

麦哲伦的伟大，在于他在南美洲的最南端发现了大陆与岛屿之间曲折蜿蜒的麦哲伦海峡，从而完成了从大西洋到太平洋的跨越。太平洋是所有大洋中最为浩瀚的，而美洲原住民的文明还没有进化到能远航太平洋的程度，因此，麦哲伦的船队是在完全孤立无援的情况下跨越大洋的。食物吃光后，他们连船上的皮绳都吃掉了。大批船员死于坏血病，其惨烈程度非此前的任何探险可以比拟。

正因如此，麦哲伦环球航行被誉为与登月比肩的人类历史上的探险壮举。

鱿鱼游戏，探险的动力

贝海姆是德国人，年轻时混迹于地中海的水手之中，还当上了葡萄牙国王的航海顾问。回到家乡德国后，他制作了世界上第一个地球仪，有科学史家评论："在为德国人制造地球仪时，贝海姆实际上是涉入了一件商业和工业的间谍事件，因为他将在里斯本所得到的地理知识纳入了地球仪——那是当时最高机密且无从取得的地图资讯。"

今天我们靠着地图导航订餐厅、找旅馆，可在几十年前我上学的时候，从学校的图书室里借出的地形图，尤其是那种大比例尺——显示范围小、细节多的地图，边上都盖着"机密"字样的图章。古代的战争中，山川形貌往往是取胜的关键，地图是战斗力的一种，比如《三国演义》里张松献图，向刘备展示蜀中的地理行程、远近阔狭、山川险要、钱粮府库，刘备据图进入蜀中建立了蜀汉政权。

当然，地图对胸有宏图大志的刘备有用，对于明朝的皇帝而言，当他们追踪元朝的残余势力进入大沙漠时也有用，可对于航海大发现就没有用处。拿着地图的人，决定了地图的效用。

为什么郑和下西洋七次而终，国库耗尽，连带着明朝宣布了海禁，西方的大航海却帮助伊比利亚半岛上的两个小国一次次扩展版图，还把荷兰、英国等国家召唤进来，形成一次有史以来最大规模的人类迁徙活动？永乐皇帝是为了追杀被赶下台的皇帝朱允炆，并向海外宣示天威，欧洲人则是为了赚钱。尽管风险很大，可高风险有高收益，这也是现代资产管理理论的一个基本前提。欧洲人的航海是经济活动的一种，并且是暴利行当，自然引得各方人士投身其中，既然已经有了成熟的商业模式，就能够像滚雪球一样越滚越大。

开辟海上航路直接的诱因是香料。1453年奥斯曼土耳其帝国攻占君士坦丁堡，彻底切断了欧洲与亚洲香料国的联系，土耳其人彻底垄断了利润丰厚的商业线路。身处高纬度的欧洲，也曾尝试过引种胡椒、豆蔻之类的香料，却都没有成功，高额的利益召唤着航海家们向海而行，打通欧亚的通道。

欧洲君主对探险家的投资，类似于现代社会的风险投资，探险家出主意、出团队、出力气，国王或贵族出钱，事成之后双方按比例分配收益。哥伦布兜售他的西行计划时，要求得到海军司令的头衔、10%的收益以及发现地总督的职位和继承权，因为胃口太大，在法国和葡萄牙碰了壁，可在殖民非洲的竞争中落后的西班牙迫切希望弯道超车，伊莎贝拉女王答应了他的要求，甚至允诺他更多，包括往来船只的税收他都有权分成。只可惜，哥伦布所到的中美洲既没有香料，也没有黄金白银，多次探险美洲后，他失宠了。

葡萄牙的探险，让那些最早的殖民者赚得盆满钵满。早在1419年，葡萄牙两位航海家的小船被风暴吹到了非洲外海的马德拉群岛，马德拉岛和圣港岛就成了他们的封地，他们满载着牲畜和粮食到岛上创业。没有耕种过的土地异常肥沃，甘蔗、葡萄等作物都能种植。

接下来，葡萄牙人沿着非洲海岸一路插地标，胡椒海岸、象牙海岸、黄金海岸，全是给殖民者带来丰厚回报的宝藏。探险者还开始了他们罪恶的贩卖黑奴的生意，奴隶海岸应运而生。16世纪开始的黑三角贸易，就以此为基础展开。欧洲的奴隶贩子装满盐、布匹或葡萄酒，在非洲换成奴隶，然后再到美洲换成糖、稻米和烟草返回欧洲。三段航程，每段都是暴利行当。在贩运黑人时，奴隶贩子为了赚取最多的钱，只把黑人当成货物，大西洋上的航程如同人间地狱。

后世的探险家更强调精神力量，人类的好奇心和征服欲驱动着大家不避风险，比如英国登山家马洛里在被问及为什么要攀登珠穆朗玛峰的时候，回答说"因为山就在那里"，这成了经典名句。大航海时代的探险队一开始就是以利益为目的，即使不知道目的地在哪里，船上也会装上小镜子、玻璃珠子等各式各样原住民没见过的新奇玩意儿，用来换取欧洲人需要的宝石、象牙和金银。为什么欧洲人的货物能够迷惑海外的部落人，让他们用真金白银去换那些廉价的小东西？如今，象牙、檀香木也是越来越宝贵，印第安人却甘愿把曼哈顿岛换给荷兰人以获取那些玻璃珠子，其实就是因为他们没有经历过农业乃至商业文明，还没有认识到这些原材料的价值。

文明差异更直接地体现在与殖民者的争战中。西班牙街头混混皮萨罗，只带了168个士兵，就征服了600万人口的印加帝国，这堪称人类历史上力量最悬殊的一次以少胜多。虽然是热兵器对战冷兵器，但那时的枪炮得装填弹药，冷兵器完全可以对抗一阵子。印加帝国的问题就在于它是集权统治，所有的权力集于皇帝一身，皇帝还是人与神沟通的唯一通道。皮萨罗设计活捉了皇帝，要求印加人用黄金装满关押皇帝的屋子来赎人。他们果然找出来这么多黄金，可皇帝还是被皮萨罗杀害。

欧洲殖民者在非洲、北美洲、南美洲乃至大洋洲的殖民如此顺利，其实和地理上的区隔分不开，广袤的撒哈拉沙漠和大西洋阻碍了非洲、美洲原住民与亚欧大陆的交流，当发育程度相距甚远的两种文明迎面冲撞的时候，落后一方不堪一击。相反，亚欧毕竟是一块大陆，人员交流虽也受到中亚地区严酷气候的阻隔，但毕竟有渐进性的接触，落后方不至于被彻底吓蒙。中国之所以能够保有相对完整的疆域，没有沦为完全的殖民地，就有地理方面的原因。

整个殖民过程几乎都是西方国家的内部争斗。在"两颗牙"时期，在地圆探险的朦胧期，在他们还不能完全确定地球是圆球的时候，地圆说帮助西班牙完成了初步的弯道超车，把海外殖民当作"专利"的葡萄牙不干了，双方闹到教皇那里，于是就有了"教皇子午线"。

教皇子午线即从佛得角群岛以西100里格（在海上，1里格＝5556米）的经线。此子午线以东是葡萄牙的势力范围，以西是西班牙的势力范围。子午线本来在大西洋上，可葡萄牙不干，坚持往西又挪了270里格，划到了美洲的陆地上。于是南美洲绝大多数国家说西班牙语，唯有巴西人说葡萄牙语。

可麦哲伦环球航行闯入了属于葡萄牙拓殖范围的菲律宾并占领了它，教皇子午线一下变得很尴尬，西、葡两国在1529年又不得不对分界线做出调整，在地球另一面再次划分势力范围。

电视剧《鱿鱼游戏》中一群财务破产、潦倒无助的边缘人选择在游戏中一搏，其实地理大发现的主角也主要是欧洲的边缘人物。欧洲普遍实行的是长子继承制，没有财产的次子游荡于社会中，破产的小手工业者也在寻找机会，对他们来说与其落魄穷苦一辈子，不如向死而生。一片新大陆展现在眼前，真如天上掉馅饼一般。

海洋里的沙漠与绿洲

地球上最富生产力的生态系统在哪儿？是温带草原还是热带雨林，又或是寒带苔原？

我想大家会异口同声地回答说是热带雨林，那里阳光最强烈，天天下雨，土壤被侵蚀得算不上肥沃，但仅植物腐殖质就足以为一个蓬勃繁盛的生态系统打下基础。

万物生长靠太阳，没有水不行，没有肥料也不行。参照时下流行的短板理论，一个由木板箍出来的木桶，盛水的能力取决于最矮的那块木板，很多生态系统万事俱备只欠东风，于是寸草不生。

如果我们想当然地以为海洋中生产力最旺盛的地带也在赤道附近，那就大错特错了。热带海洋蔚蓝清澈，还游弋着五颜六色的热带鱼，可大海深处，海水渐变为深蓝色，那是深不可测的深渊。如果说海洋里也有荒漠，那么恰恰就是在这样的地方。远离海岸，水流静止，阳光能照射到的一二百米的深度内缺乏营养物质，这里就如同陆地上的沙漠，也是海洋中生产力最低下的地方。

在南太平洋上，我们提到过的南极环流以北，是一个规模仅次于南极环流的南太平洋环流，海流包围着一片面积达到3700万平方千米的水域，大到足以把三个陆地面积最大的国家——俄罗斯、加拿大和中国都装在里面。这片海域还很少有岛屿，如果要寻找一个离陆地最远、最孤单的海域，非这里莫属。后来有科学家在这里计算出一个尼莫点，最近的岛屿离它都得有2688千米。有人开玩笑说：距离尼莫点最近的人类，大概是位于地表以上400千米的国际空间站中的宇航员。

因为远离陆地，这里也是各国试验导弹、火箭的溅落地，被称为航天器的"坟场"。被南太平洋环流隔绝于近海养分之外，是公认地球上最贫瘠的地区之一，也是海洋生物量最少的地方。

世界上最有名的四大渔场中，日本的北海道渔场、英国的北海渔场、加拿大的纽芬兰渔场都是寒暖流交汇的场所。寒暖流交汇搅动海水，带动海底的营养盐类上泛，浮游生物得以繁殖，鱼虾因此有了丰富的饵料。第四大渔场秘鲁渔场是由秘鲁寒流的上升流形成的。不难想见，决定海洋生物量的那个短板不是阳光，不是水分，而是把水底的营养物质搅动到光照地带的水流。

科学家发现：上升流海域的面积仅占全球大洋面积的1‰，捕获量却占海洋总捕获量的50%。

说到这儿，不能不提到南极。南极拥有上千米厚的冰盖，厚重的冰盖压迫着地壳乃至冰的最下层，在沉重的压力下，有的地方还存在液体的湖泊。20世纪末，俄罗斯和英国科学家在冰原深处发现了地球上最大的冰下湖——东方湖，面积有14000平方千米，被封存在冰盖之下约4000米处。在地热、冰盖的压力以及冰盖的隔绝作用之下，南极冰原下分布着上百个湖泊。同时，冰盖也在重力的作用下向四周缓慢地滑动，冰面上可能产生裂隙，如果人掉进去就再也爬不上来。

在地球其他地方的高山上，雪线之上常年覆盖着冰雪，也存在着冰川对大地的磨蚀，其侵蚀作用甚至比水流更有力量，水流在山体上侵蚀出的是V形山谷，冰川地貌则常以U形谷的姿态出现。如今，没有冰雪的那些地方的U形谷很可能是在上一次冰河期塑造出来的。

当南极冰盖缓慢地向大陆边缘滑动，滑到海面没有了陆地支撑会发生什么情况？冰体会断裂，会分离，会垮塌。壮观的崩解随时可能发生，不明就里的人会以为是地球变暖让南极的冰融化了。

或许有这方面的原因，但这是南极水循环的一部分。虽然降雪很少，但南极冰盖在一年年地加厚，冰盖不胜其重，最后以冰山的形式还给大海。

南极的外海上飘着冰山，冰的温度比海水低，融化后的寒冷冰水密度更高，于是向下沉。绕极流搅动着海底，海底更温暖的水于是向上升。南极以其独特的方式产生了全球海洋中最大体量的上升流。

南极虽寒冷至极，但仍有企鹅在此进化出了独特的生存习性。南极大陆动物品种少，反而给了适者生存的动物以躲避天敌的环境。同样的道理，南大洋的海水虽寒冷，但被一种海藻——硅藻找到了繁盛的门径，而南极磷虾以此为食，竟吃出了海洋中第一大动物蛋白库，有十亿吨之巨。值得一提的是，因为水冷，水里的含氧量超高，南大洋里的动物体型都比其他海洋里的大。大王酸浆鱿，又名巨枪乌贼，身长能达到10余米，是世界上最大的无脊椎动物。它们虽然体型巨大，却是南极抹香鲸的常规食物。

讲到南极的动物，我突然联想到生活在北极的一种鸟类。你们或许看过藤壶鹅跳崖的视频，那是在北极的格陵兰岛。那些毛茸茸的小生灵甫一出生就面临着生死抉择，要从悬崖上跳下去。这就是达尔文式生存竞争的一种表现，为了躲避天敌，藤壶鹅把蛋产在了悬崖峭壁上，至少在孵化阶段不会受到天敌的骚扰，但小鸟孵化出来就得拼搏了。

南极的动物们也是在"好勇斗狠"，比拼谁更能够忍耐南极的寒冷与暴风，于是帝企鹅完美胜出。可这种完美也是以折磨自己的身体为代价的，零下三四十度的寒风中雄企鹅要一动不动地站立着孵化企鹅蛋。通常鸡蛋的孵化周期是21天，帝企鹅则要花费3倍的时间，原因之一是这里温度太低，帝企鹅拼尽全力，也只能使孵化温度达到36℃，而一般鸟蛋的孵化温度是37—38℃。笨重的企鹅还要走上很远的路程才能下到海里，痛快地饱食磷虾后，再迈着笨重的步子回来喂孩子。看了吕克·雅克拍的纪录片《帝企鹅日记》，我的心情久久平静不下来。

南极还有一种威德尔海豹，为了躲避陆地上的寒冷，常年生活在水下，可它们是哺乳动物，需要呼吸空气，于是就要拼尽力气在冰面上维持一个呼吸孔，每次上来呼吸的时候，它都要用牙齿啃咬撞击冰面，尽可能地抹削去新冻的冰层。如此辛苦地活着，威德尔海豹的寿命比其他品种的海豹短了一大截，通常海豹能活20岁，威德尔海豹平均寿命只有8岁。

写到这儿，我其实是挺难过的。老子曰："天地不仁，以万物为刍狗。"任何生物都有它存在的意义和价值，但如果让我们选择，为什么要那么用力地活着？我不是社会达尔文主义者，不认为人类社会弱肉强食有道理。我希望每个人都学到知识，独立思考，有自己的聪明才智，获得独特的价值，这样即使暂时吃一点苦也是有意义的，所谓"少壮不努力，老大徒伤悲"。可如果选择根本就是错的，一辈子都为一个错误的选择买单，这也太愧对我们"万物之灵"的称号了。

漠南与漠北

2021年3月，北京遭遇了两次大范围的沙尘天气，城市上空昏黄一片。经过多年的生态治理，我国内蒙古的草原和荒漠已经不大扬尘起沙了，事后判定，沙尘来自蒙古国，这让我想起了两次去蒙古国的旅途所见。

第一次是坐北京到莫斯科的国际列车，过了集宁径直向北，还没有到达国境线，就看到大片一人高的草丛，一丛丛、一簇簇的。因做过土壤调查，对草原退化的标志性状态"富岛效应"有所警惕，就坐在车厢边上观察，结果一路上目之所及，看到大片大片荒漠化的土地。

> **TIP**
> 富岛效应
>
> 也称肥岛效应或沃岛效应，是指在干旱、半干旱地区，灌丛下的土壤相较其周边养分含量更高的效应。

"富岛"并不富裕，土壤肥力不足以均匀承载动植物生存的时候，它们只好相对聚集，于是才有了一簇一簇的高草丛。而它的周边，则是寸草不生的土地。

第二次去蒙古国，走的是经过呼和浩特的路线，翻过大青山也见到了大片的荒漠。赶忙搜索查证，原来内蒙古和蒙古国过去就叫作漠南和漠北。

在内蒙古自治区首府呼和浩特和蒙古国首都乌兰巴托之间，自古以来就是一大片荒漠戈壁。在内蒙古，自东向西，科尔沁沙地、浑善达克沙地、库布其沙漠、巴丹吉林沙地连成了一条线，在蒙古国，干脆叫戈壁省，并且不止一个，而是四个，分别为东戈壁省、中戈壁省、南戈壁省和戈壁阿尔泰省。这片包括了蒙古国南部和内蒙古北部锡林郭勒盟西部二连浩特一带的沙漠，是世界上最靠北的沙漠，面积达到130万平方千米。

亚欧大陆是世界上面积最大的陆地，从海面吹过来的水汽要深入内陆非常困难，再加上高原地形上的障碍，大部分水汽在"爬山"的过程中早就凝结成雨水了。

上文我们讲过，因为特殊的地形，控制我国的主要气候类型是季风环流。冬天刮西北风，来自西伯利亚的冷空气长驱直入，没有阻挡；夏天则是来自海洋的湿热空气缓步北上，受到内蒙古高原边缘山地的阻隔，形成降雨。春天里冰雪融化，土地裸露，草木未长，最容易形成风沙。

当火车开到乌兰巴托附近，窗外是一望无际的大草原，天苍苍野茫茫，蓝天白云下，虽然草长得不高，却相当均一整齐，提示着土壤条件的优越。过了戈壁，地势低了，降水也随之增多，蒸发却少，于是形成大片草场。逐水草而居的牧民正是在颇为极端的地理环境中，锻炼出了生存本领，虽然条件艰苦，但食物相当充足。

在乌兰巴托，牛羊肉的价格还不足我们这里的一半，奶制品更是便宜得令人惊讶。为了保持物价稳定，他们实际上是限制出口的。活牛、活羊乃至新鲜肉制品不能出口，但熟肉可以，这或许刺激了蒙古国近年来的牧业发展，进而加剧了生态的恶化。

自秦朝起，"大漠"一词就经常出现在史书中，汉武帝派大将军卫青将匈奴赶到漠北，北魏把柔然驱出漠南，清朝政府把漠北称为喀尔喀蒙古。对于黄土高原的成因，地理学界普遍的认知也是风积，强劲的西北风将新疆、甘肃一带戈壁中的细颗粒物质吹到西南，堆积下来，形成了厚实的黄土层。

大漠北面的草场虽然丰美，但那里又极度苦寒，自然承载力低下。如今，蒙古国150万平方千米的土地上，只有300万人口，是世界上人口密度最小的国家之一，但人口出生率却远超过东亚其他国家，人口结构呈现出像东南亚那样的年轻化趋势。

说起沙尘暴，20世纪30年代，美国曾经暴发过非常严重的沙尘暴，纪录片里沙尘像一堵参天的墙，遮天盖日而来，大风和令人窒息的沙尘从得克萨斯州席卷到内布拉斯加州，造成人和牲畜死亡，农作物歉收。我曾在美墨边境的奇瓦瓦沙漠参与土壤调查，现在，那里已经不能野外放牧了，大片的荒漠化草原都被围栏围合着，任由动植物繁衍，耐旱的小灌木已经牢牢地抓实了土壤。

30年前，作为大学实习生，我们的工作是三北防护林的土壤调查。从北京到锡林郭勒大草原，我们一路向北，印象中都是丰美的草原，土壤挖下去，最上层腐殖质层的土壤黑黝黝的。那时候牧民已经开始用"草库伦"也就是铁丝网圈出一块块的草场，用来休养草地，轮流放牧。

但在防护林的建设中，也发现了一些问题。防护林种植的树种多是速生的杨树，长得快、易成材，表面上有着很强的遮挡风沙的效果。可种植杨树的往往是缺水的地区，种植生长都要拦截河道，抢下游的地表水。又因为速生杨号称是植物抽水机，宽大的叶片加速水分的蒸发，干旱地区的水分就这样白白地散发到大气中了。

防护林多是以机械林场的形式建设，树木种植横成行竖成列，种植和管理都颇为现代化。前两年遇到过打短工的内蒙古人，他告诉我因为玉米价格涨了，很多当地人都去林场承包这些林间隙地种玉米。去年玉米价格都涨到了3000元/吨，价格信号作用下，包地种玉米会更踊跃吧。

这些天在北京周边行走，发现很多地方都在砍树，砍的是杨树。又到了飞花时节，漫天飞舞的杨花柳絮已成公害，到了非治理不可的地步，赶在飞花前换树种，不能不算是一种明智的决定，可不巧的是杨花未至，黄土又来。大自然真是奇妙的系统，这些年我们治理沙漠有了长足的进展，可还是免不了要"吃土"。在一个精妙的、环环相扣的系统里，人类要学会生存，真如摸着石头过河，容不得一点闪失。

花粉过敏？鲜花不背这个锅

沙尘过去了，随风飘舞的是杨柳絮和夹杂其间肉眼不可见的花粉。随着更换树种，杨柳絮不像往年那样泛滥了，可花粉过敏却越来越严重。中国的花粉过敏者已超过两亿人，一个很难忽视的数目。当我们在姹紫嫣红的花海中徜徉，这些过敏群体也该被关照。

城市美化离不开鲜花，无论市区郊县，北京市这些年的鲜花美化工程真是有目共睹，新种植的树木基本是观赏树种，连能够结果实的树木也经过选育，以赏花为目的，花色鲜艳，结出的果实却难以食用，也就避免了不文明的采摘行为。

绿化带中鲜花点缀，街道边也是广布花坛，花木走廊更是绵延数十千米，甚至马路中间的隔离栏杆上都顶着花箱。花园城市的梦想真是越来越近，只可惜气候不配合，只有月季花期绵长，其他的花卉多集中于春天开放。

春天里，花粉预警于是频频"爆表"。我们走到花海里，很容易把花粉过敏和眼前的鲜花联系起来。可实际上，那些因颜色鲜艳而为园林部门青睐的花木，之所以有如此鲜亮的色彩，是为了吸引蜜蜂、蝴蝶来传粉，它们是虫媒花朵，传粉的效率非常高，根本用不着把精力全用在生产大剂量的花粉上。

花粉产得多的植物，多是以风为媒介的，不能点对点地传播，于是大量产粉。这就如同动物产子，处于食物链顶端的动物，产子少而精，反而是处于低端的动物，因为幼崽成长过程中时时有着被捕食的风险，只能靠大量繁殖保障种群的延续。

植物也类似，风媒花因为不需要吸引昆虫传粉，都不会在花朵的颜色和气味上有所追求，而是自然选择出以量取胜的传统。让我们饱受其苦的杨树就是风媒植物。初春，雄株长出毛毛虫一样的花序，随后雌株产出杨絮。风媒花没发育出诱人的香味和色彩，可产生的花粉数量特别多，而且表面光滑，干燥而轻，便于被风吹到相当的高度与相当远的地方去。于植物，这是它们为繁衍而进化出的本领，但在生活于城市的我们，就成了难以忍受的公害。

城市景观里的花朵，基本上是植物进化上最高级的被子植物，被子植物也称为有花植物、显花植物，按传粉方式分为两种：靠昆虫传粉来繁殖后代的虫媒花和靠风来传粉繁殖后代的风媒花。约有1/10的被子植物是风媒的，城市中不以花和果实取胜，充当行道树的栎、杨、柳和桦木等都是风媒植物。

在植物的进化过程中，裸子植物先于被子植物进化出来，因为植物的胚珠外面无子房壁发育成果皮，种子是裸露的状态，只是被一片鳞片所覆盖。裸子植物曾经在恐龙时代统治着整个地球，它们的花的发育远没有被子植物复杂，也只有依赖最原始的传粉方式，也就是借风来传粉，因此产生大量的花粉。

在日本，当樱花季节到来时，越来越多的人困扰于花粉过敏，可实际上花粉主要不是来自樱花，而是杉树。杉树就是来自远古的裸子植物，有"植物界活化石"的美誉。花粉季高峰期，当地天空中甚至出现了"花粉彩虹"，就如同水滴折射阳光形成彩虹，当阳光穿过特别浓密的"花粉云"，空气中形成了一个花粉光环。对于过敏症患者，这样的彩虹虽美丽却致命。

小时候春游，孩子们曾有过恶作剧的冲动，走到柏树边上大踹一脚，树木晃动，树冠中间就会产生一股股烟雾，霎时笼罩在树木周围。柏树也是大量生产花粉的植物，又因为松柏常青的美好寓意，北京自古至今广植柏木，全市范围内就有700万株，树龄300年以上的古柏5000余株。

北京的两大花粉来源，一个是速生的、容易形成绿化效果的杨树，另一个就是柏树。历代北京人偏爱这两种树木，想不到却成了现代社会花粉过敏症的滥觞。2021年修订的《北京市主要林木目录》就规定要控制圆柏的种植，有趣的是，侧柏还是北京的市树。

城市美化以观赏性的鲜艳的花朵为主，看来和蔓延的花粉过敏关系不大。在防风固沙的生态治理地区，我们改善生态环境的努力却带来了一个副作用：沙蒿的花粉过敏。沙蒿这种植物耐干旱、耐贫瘠，甚至不怕埋，具有顽强的生命力，是沙丘生态恢复中的先锋物种，沙漠治理中一度大面积飞播，却因为花粉飘飞，成了治沙先锋城市榆林的另一种公害。作为先锋植物，当沙漠生态改善后，按理说沙蒿也会逐步被其他植物取代，可短期内，每年秋天蒿属植物开花，花粉随风传播，秋季又成为北方鼻炎高发的时节。

为了生存繁衍，植物进化出适应各种极端环境的能力。在沙漠中，有的小灌木主根能比地上部分长出数十倍，竖根直达地下含水层。还有的植物蜷缩成一团，在风中滚动，像动物迁徙一样寻找下一个"成家立业"的地盘，俗称风滚草。可风滚草一旦离开它原始的生境，就会堵塞道路、掩埋房屋，造成生态灾难。

在花粉过敏这件事上，很难说错在人还是植物，只有互相适应、和谐共生，才是破解之法。

从地理的角度感知历史，就向地下看吧

要了解历史，最先想到的是历史书和博物馆吧，那些是不是很枯燥？其实我们可以在旅行中感受历史。南京是六朝古都，西安是十三朝古都，这些都是历史，但古都也都被现代化的高楼大厦湮没了。那么，透过满眼的玻璃幕墙和高架桥，你该如何看到历史呢？

学地理的喜欢向下看，盯着地皮看。地皮当然也是现代人踩出来的，可拨开表土，就是沉埋的过去了。考古工作者走到哪里都带着洛阳铲，把地下的泥土挖出来看，他们是在找沉埋的宝贝。我们学地理的不用那样大动干戈，观察个大概就可以。有人盖房子要挖一个土坑打基础，我们就会去看看那里的土壤剖面；洪水冲开一段田野，也值得去看，那里面就是历史。

开封号称八朝古都，但我们最熟悉的是北宋都城汴梁，《清明上河图》里活灵活现的人物和市井生活记录着中国古代最富庶繁华的时刻。扬州的中国大运河博物馆有一件巨幅展品，长25.7米，高8米，站在它面前，你会被如此大面积的展品震撼得喘不过气来，它就是从开封附近挖掘出的古汴河河道剖面，是大运河博物馆的镇馆之宝。汴河是隋炀帝开凿大运河的首期工程，还因为在开封与黄河交汇，遂成就了这座历史上著名的都城。

在巨大的河道剖面中，土壤像树木的年轮一样，一层一层呈现出来，或粗糙或细腻的土层中夹杂着不少石块、瓦砾、瓷片、动物骨骼。自下而上，这些来自隋、唐、宋、元、明、清等不同朝代的沉积物，是运河河道不断沉积留下的时间密码。为了把这段河道剖面从河南开封运到江苏扬州，博物馆费了很大的工夫，先把剖面分割成一个个方形小块便于运输，到了博物馆内再按照编号拼接起来。

开封坐落在黄河的南岸。黄河流经黄土高原这片水土流失最严重的地区，一碗河水半碗沙，出了山流速变慢，泥沙开始沉降，不断抬高河床。先民们就不得不一次次筑高大堤来束缚河水，下游的黄河也就成了地上悬河。开封段的黄河"悬"得最高，足有十几米。每次黄河决堤泛滥，河水都会向四周漫灌，覆盖住当时的地面，古人生活的场景于是被一层层埋在了地下。

恐龙灭绝时的一层尘埃

20世纪70年代，美国地质学家沃尔特·阿尔瓦雷茨等提出恐龙灭绝于小行星撞击事件，他们发现介于白垩纪与较年轻的古近纪之间，有一层金属铱含量远超其他地层的黏土，称为K-Pg界线层。这层黏土仅有6毫米厚，却几乎分布在全球的所有地质层中，在这层黏土之后的地质层中，再也没有发现过恐龙化石。

有人猜测，撞击地球的那颗小行星富含铱元素，爆炸中，小行星被炸成了粉末，粉末在大气层中飘浮了很多年，导致地球表面多年照射不到充足的阳光。粉末随大气运动飘散，均匀分布于大气层中，在漫长岁月里慢慢落下，覆盖在地球表面，形成了薄薄的一层黏土。

建于北宋时期，确切地说是1049年的开封铁塔是汴梁留给世人的唯一古迹，铁塔并不是铁打铁铸，只因颜色如铁而得名。近1000年的时间里，这里遭逢15次洪水，泥沙淤积，如今铁塔的三层基座已深埋地下。

除了地壳运动塑造出高原、低地、断崖和盆地等地形，短期而言——在漫长的时代长河中人类有文字记录的历史的确很短——水流对地形地貌的塑造作用是最为显著的。具体表现是高处侵蚀，低处堆积。在黄河的最大支流渭河的南岸，八百里秦川肥沃的土地上是十三朝古都西安城，两千年前的战国时期这里是秦国的都城咸阳。咸阳的富庶就受到渭河和来自黄土高原的支流泾河的滋养。站在渭河与泾河的交汇处，游人很容易联想到成语"泾渭分明"。如今的渭河是一条浊黄色的大河，而泾河则是相对清澈的小河，河床不仅很窄小，一侧的水势也很弱，与渭河水完全不在一个级别。

对泾渭分明最早的记载是《诗经·邶风·谷风》中那句"泾以渭浊，湜湜其沚"，意思是说，泾河水清澈，渭河水混浊，两条河流汇到一起，泾河就被渭河混合而"同流合污"了。《诗经》成书于西周初期到春秋中叶，到现在有2500余年的历史，说明当时两条河流的状况和现在大致相似。

到了唐代，杜甫的一首诗记录的却是另外一种情形。他在《秋雨叹》中写泾河与渭河的句子是"浊泾清渭何当分"，是说泾河浊、渭河清。

沿着渭河溯流而上，在咸阳的渭河岸边，矗立着一座高大的飞檐斗拱的古代楼阁式建筑。历史上这座巍峨的楼阁曾有多个名字，现在又恢复到了它宋代的名字。北宋景祐年间，时任咸阳知县的黄孝先重修此楼，将其更名为"清渭楼"。可见至少在北宋，这里的河水还是清澈的。

究竟是渭河水清泾河水浊还是渭河水浊泾河水清？《现代汉语词典》对成语泾渭分明的解释为："泾河水清，渭河水浑，泾河的水流入渭河时，清浊不混。"似乎是杜甫观察错误或者出现了笔误，可有了清渭楼的佐证，可能性已经很小。当然，这也不是不可能发生，但我们也可以从历史地理学的角度予以解释，那个时候的水文特征就是如此，两个时代不同，水流里边的含沙量发生了逆转。

渭河是黄河的最大支流，发源于甘肃的鸟鼠山，自西向东800千米，塑造出了八百里的关中平原，在黄河的大拐弯处汇入黄河，流过的是人口密集、农业发达的肥沃土地。而泾水全程流经水土流失严重的黄土高原，就两条河流流域的地质条件而言，泾河的水土流失应该是比较严重的。但渭水的问题在于，它的流域内地质环境更为复杂，土壤里含有的矿物质成分远比泾水要多得多，当水土流失稍微严重一点，每立方米的水里含有超过10千克沙子的时候，颜色会变得比较重，就显得比泾河浑浊了。加上渭水流域人类活动非常频繁，人类的风吹草动都会引起河水颜色的变化。

对泾河颜色变化的解释，还包括了农耕文明与游牧文明在历史上的长期争斗交替，当游牧文明在黄土高原上处于强势地位，水土就会保持得好一些，而农耕文明强势的时候，人们开垦土地，广泛种植庄稼，土壤的流失就会变得严重，河水就会变得浑浊。故而从历史上看，泾渭分明就是一面镜子，照射出黄土高原这片土地上环境的变迁。

有一种说法是，人类有文字记述的历史中，渭河与泾河的颜色深浅，发生了不下五次的转换。

泾河虽小，却是一条很传奇的河流。《西游记》里唐僧师徒四人之所以远赴西天取经，就源于泾河龙王藐视天庭。泾河龙王听闻长安城内有一神算名叫袁守诚，每天只要送他一条鱼，他便可以告诉你在泾河的哪一处撒网所收获的鱼虾最多。为保护自己管辖范围内的鱼虾，龙王扮成书生去和袁守诚打赌下雨的时辰和雨量。不料刚信心满满立下赌约，就被玉帝的指令弄蒙了——玉帝的指令居然和袁守诚算的分毫不差。龙王违背天庭指令下雨，为魏征所斩。

自"泾渭分明"处溯泾河北上，泾河上的一座水利工程旧址算得上是感受水流侵蚀的最佳教材。战国时期，眼看着秦国强盛起来，韩国人郑国为了保卫自己的国家，向秦人献计修渠，目的是劳秦民、伤秦财以拖垮秦国，却不料郑国渠修成后，秦国良田倍增，国力由此更加强盛。郑国的一番计策反而算计了自己，搬起石头砸了自己的脚。如今，当考古工作者找到泾河岸边当年郑国渠的取水口，这里已经高出泾河现河道十五六米。2000余年间，河水又切割出如此深的土壤，黄土高原之贫瘠、黄河之浑浊、泾渭分流的古老源流，一下子都有了历史感。

世界之最的国土

中国疆域的形状像一只昂首而立的雄鸡，站立在世界的东方，"一唱天下白"，这是平面化投影到地图上的形状。面对一张有凹凸的，相对于水平比例尺放大了高程的立体地形图，你就会被另一种形态震撼。这个国家在地形上是如此独一无二，世界上最高的山在这里，最深的海沟在外海的不远处，最高最大的一片高原也在这儿，我们有着陡直的高山大川，宽广的平原谷地，世界上最复杂的地貌类型聚集在此。

相对于两河流域的苏美尔文明、古埃及的尼罗河文明、印度半岛的古印度文明，作为四大古文明之一的中华文明，所处的地理环境最为复杂而独特。

地形上，我们脚下的这片土地可以简化为三大阶梯。第一级阶梯青藏高原，海拔4000米以上，面积250万平方千米，相当于整个国土面积的1/4。在它的东面和北面，内蒙古高原、黄土高原和云贵高原环形拱卫，平均海拔1000—2000米，这是第二级阶梯。第三级阶梯则是东部沿海的东北平原、华北平原和长江中下游平原，三大平原的海拔大多数都在50米以下，这一级还有诸如江南丘陵等大片丘陵地，海拔也基本在500米以下。我们是一个以高原、山地、丘陵为主的国家，不平坦的土地占据国土面积的2/3以上，平原和盆地面积相对狭小，其中平原只占国土面积的1/8，相对而言，世界平原总面积约占全球陆地面积的1/4。

中国的地形颇有几个世界之最，雅鲁藏布大峡谷是地球上最深的峡谷，全长504.6千米，最深处6009米，平均深度2268米，是不容置疑的世界第一大峡谷。它的形成和青藏高原这个世界上最高、最大、最年轻的高原的形成有关系，高山与深谷，陆地上最大的落差、最壮观的峡谷景色在此形成。类似地，我们还有世界上海拔最高的盆地、海拔最低的盆地，围绕着青藏高原形成了一系列的世界之最。又如，黄河是世界上含沙量最高的河流，这虽然很难称为好事，但也算得上是一个奇迹，围绕着这个奇迹，中华文明的很多独特性由此产生。

中国的大部分国土处于中纬度地区，也就是温带区域，按照行星尺度环状气候带的分布，中国南方基本处于副热带高压带，北方则处于西风带。

副热带高压带是地球气候带中一个恐怖的区域，这里空气下沉，空气容纳水蒸气的能力随着气流下降而增加，下雨是不用指望了。以此推算，我国的江南鱼米之乡，按理说应该是寸草不生的荒漠，就和中东广袤的沙漠，以及撒哈拉沙漠一样。实际上，科学家通过古地层和植物孢粉研究证明，5000万—6000万年前，江南地区的确是十分干旱的。与今天的西北内陆干旱区一样，低洼处发育着干旱区特有的盐湖，比如湖南衡阳盆地和江西清江盆地在当时干热的气候条件下沉积了巨厚的岩盐矿床，古生物学家还在江南地层发现了荒漠植物的花粉和化石。还有一个不利因素是，当时中国的地势总体上东高西低，在东南沿海形成了一条巨大的沿岸山脉，阻挡了海洋水汽向江南地区的输送，从而产生了类似于现今澳大利亚东部大分水岭这样的雨影效应（图8），进一步加剧了江南地区的干旱化。

TIP
雨影效应

是伴随地形降水产生的现象，用以解释地形抬升降水在迎风坡和背风坡的显著差异。当山地迎风坡发生地形抬升降水时，其背风坡可表现出晴好天气，形成"雨影"（rain shadow）。

处于西风带的国家，常年刮西风，南半球因为陆地少，西风没受到多大的阻碍，还有咆哮西风带的说法。欧洲的西部常年刮西南风，美国的中西部地区也常年受到来自太平洋上的海风吹拂。又因为太阳直射角的变化，西风带也随着季节而移动，于是在西风带和它南面的副热带高压带的交替控制下，美国西部加州的沿海和欧洲地中海沿岸形成了独特的地中海气候，夏季炎热少雨，冬季温暖湿润。

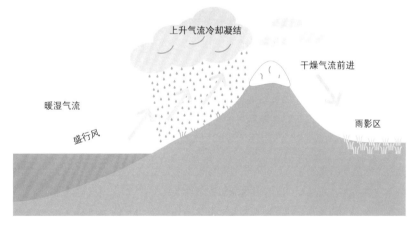

上升气流冷却凝结

干燥气流前进

暖湿气流

盛行风

雨影区

图8　雨影效应示意图

如果风从西南来，且是从北纬30°附近的副热带高压带吹来，中国广大的国土就应该常年吹拂来自内陆的风。又因为路途遥远，即使有一点来自海洋的水汽也早在沿路释放了，到中国东部沿海地区的风已经异常干燥了。好在5000万—6000万年前，亚欧大陆还没有像现在这样连成一块，中间存在着古海洋，西风还会带来一些水汽。

真可谓"天无绝人之路"，后来印度洋板块来了，它和亚欧板块的碰撞改变了这一切。青藏高原之崛起，喜马拉雅山之高耸，直接占领了地球大气对流层一半的高度，大气环流被阻隔。上文我们曾提到共工怒触不周山导致江水东流的神话传说，实际上，让中国大地水往东流的那个"共工"，正是印度洋板块。

季风气候当然并非全由青藏高原引起，中国处于亚欧大陆的东端，亚欧大陆又是全球面积最大的一片陆地，陆地与海洋接受和储藏太阳辐射的能力不一样，海洋缓冲太阳辐射的能力使它升温和降温都要慢上半拍，夏天陆地热得快，空气上升形成低压区，海洋上的空气来补充，冬季反之，海陆差异引发季风流动。于是，就如已经讲过的那样，在我们广大的国土上形成了典型的大陆性季风气候，雨水形成于冷热空气的锋面，主要集中在夏季东南风登陆的时候，这就使得降水时间集中，偶发因素更强，水灾时有发生。

河南特大暴雨：第二级阶梯前的洪水是如何形成的

2021年7月20日，一次罕见的大暴雨袭击了郑州和周边的巩义、新乡、鹤壁等地。这里远离海洋，处于中原腹地，雨水为什么不远千里奔袭而来，其中是否有规律呢？

7月初，黄河利用夏汛之前的窗口期调水调沙，黄河上最后一个水库小浪底打开排沙的闸门，数条"黄龙"从大坝上喷涌而出。大坝下激起一片水雾，仿佛水上的一场沙尘暴。排沙的壮观场面吸引游人前来观看，我也在网上看了直播。但小浪底在洛阳，离郑州还有一段距离。

正如长江三峡大坝和葛洲坝水电站，大坝一定建在河流的出山口，上游是山，下游是平原。印象中，郑州市建在广阔的中原大平原上，为什么暴雨会下在这里？

后来我坐高铁去西安，路过郑州的时候才发现自己的判断是错误的。高铁过了黄河，紧接着过郑州，然后从向南折向西行，很快就开始钻山，不过都是些比较短的隧道，穿过的都是比较低矮的小山和丘陵。这使我联想到曾经去嵩山的经历，原来郑州就建在了山底下，其西南方向是西北—东南走向的伏牛山，北面则是太行山，它被两座山夹在一个大喇叭口里，只不过小浪底水库在喇叭口的口底，郑州坐落在喇叭口的外下沿，新乡则处在外上沿，鹤壁都在喇叭口外侧了。

不过伏牛山只能算是秦岭伸向中原腹地的余脉，山不高，海拔在1000—2000米，形如卧牛，故称伏牛山，著名的嵩山就属伏牛山系。火车前行，巩义一带已经可以看到黄土高原的雏形，水流在黄土地上切削出纵横的沟壑，时断时续地穿插在丘陵和矮山之间。有了这个大喇叭口，如果水汽从太平洋输送过来，其实可以直接吹到八百里秦川，也就是渭河平原了。

可这次来自太平洋的云层太低，翻不过伏牛山。我们知道，并不是所有的云彩都能下雨，云层越低，含水量越足，越可能形成降雨。雨层云的降雨强度视云层的厚度而定，一般距离地面1500米，云层越厚，高度就越低，降雨量就越大。能够产生降雨的还有波状云，也多距离地面1500—2000米。故而，能够产生降雨的云层距离地面通常在2000米以下，高度越低，降雨强度就越大。

> ## TIP
> ### 雨层云　波状云
>
> 雨层云属于低云族，呈暗灰色，云层较厚且均匀，常伴随着持续性降雨。波状云是云的一类变种，指呈波浪状起伏的大片云体，包括卷积云、高积云、层积云。

那么，如此"暴力"的降水从哪里来呢？它们来自太平洋上的热带气旋，俗称台风，是海洋上蒸腾水汽的大汇合。因为旋转，水汽具有极强的动能。这次太平洋的水汽输送，来自强台风"烟花"与西太平洋上副热带高压带的共同作用。台风是低压系统，是向着风暴眼吸引水汽的，可吸引的水汽势必要升空，到了高空水汽势必向两边散去。另外，夏秋之际，西太平洋上常有一个独立的高气压——副热带高气压。而影响我国的台风也大多生成于西北太平洋，且大多产生于副热带高压带的南缘，并沿着气压带的外围移动。在台风和高压之间就形成了一个水汽输送槽，水槽对着哪里，哪里就有源源不断的水汽供应，这次的水槽正对着河南。

水汽越多，云层越低。我国的地形地貌大致分为逐级下降的三大阶梯，郑州、新乡和鹤壁的喇叭口正好处于第三级阶梯和第二级阶梯过渡的边缘。而大气的温度是随着高度递减的，每升高1000米，温度就会降低6℃。空气中所能容纳的饱和水蒸气的量随着温度降低而下降，饱和点被称为露点，如果将温度稍微降到露点温度以下，饱和空气中的水蒸气会立即凝结为水珠，也就是结露，这就是降雨的原理。当浓云涌向郑州、新乡和鹤壁这些处在山脚的城市，"雨云踩踏"，便大雨倾盆。

实际上，1975年的河南大暴雨，造成驻马店水库溃坝的极端天气事件，也是在类似机制下发生的，那次包括板桥水库在内的62座水库溃决。

台风往往带来极端降雨，据记载，1972年7月底，"7203"号台风曾进入京津地区，造成燕山南麓及北京北部地区降下大暴雨，最强的暴雨中心——燕山南麓的枣树林，3天时间降水量达到518.3毫米。1996年8月初，"9608"号台风在河北省中南部地区形成特大暴雨，滹沱河、滏阳河、漳河流域发生洪水，9座大型水库溢洪，300多座中小型水库库满溢流，4个滞洪区被迫启动。

这里记述的四次暴雨有一个共同特点，都发生在华北平原的山前地区。2012年北京"7·21"特大暴雨让人记忆犹新，那次暴雨其实也和北京两面环山的地形有关系。山体加剧了湿热空气的爬升，空气中的水汽加速凝结。

全球热带海洋上每年生成约80—100个台风，其中约36%发生在西北太平洋和南海上，二者是全球生成台风最多的海区。我国平均每年有7个台风登陆，位居世界第一。

如果离山远一点，水灾或许能避免，但如果可能，城市似乎都要找"靠山"。古代，山下低地多河流纵横的沼泽泥潭，行动不便，反而是山脚近水又不被低地泛滥的水流侵害，适宜定居和城市的聚集，郑州一带曾是春秋战国时期兵家必争的枢纽要地。后来，随着隋唐大运河开通，河流交汇的开封地位上升，晋身为中原乃至中国的军政中心。可20世纪初铁路大开发，京广线和陇海线在郑州交会之后，郑州又顺理成章地成了河南的经济政治中心。至于铁路为什么要沿着山脚修建，其实不难理解，建造铁路，经济和交通安全最重要，走直线最经济、最省钱，而铁路修在浅山地带，往往比修在河流中下游水流密集地区更安全，也可以更少修建必须抵御洪水冲刷的桥梁。

据说在修平汉线，也就是京广线的前身时，因为开封是沙土地，且黄河是地上悬河，河面比开封城内的铁塔还高，按当时的技术条件只能作罢。即使修在郑州，郑州大桥在开工后也险些夭折而改在洛阳过河。郑州的荥泽口铁桥，修建期间由于流沙问题数次停工，硬着头皮才勉强修成，这座黄河上最初的铁路桥，后来因为地基不稳于20世纪50年代停用。铁路建设在山脚，至少有基岩可支撑，那是由当时的基建水平所决定的，如今施工能力提升，青藏铁路直接打穿冻土层，把铁路的基础建在基岩上；东部平原上的高铁也多修在高架桥上，不再借助山体了。

7月初黄河调水调沙，多个水库联动，人为制造洪水，把沙子裹挟而下排入海中。我看到在郑州段，黄河水奔涌，水面淹没了大堤内的树木，引得市民们举家观潮。事实上，黄河水利委员会就设在郑州，可郑州发了大水，黄河却帮不上任何忙，甚至阻挡住了水流，不能不说是一个存续两千多年的遗憾。黄河出山后正好是在郑州段开始成为悬河，到了开封水面比城中地面高出10余米，两座紧邻黄河的大城市不得不借用淮河水系排水，而处于淮河水系的最上游，排水能力想必是相当弱的。

　　春秋战国时期，我们的祖先就开始在黄河两边筑堤防水，一步步加高黄河堤防，两千多年过去，黄河一点点"长高"。新中国成立后，三门峡等一系列大坝筑起来，黄河水患得到了控制，可面对下游的水患，仍是一筹莫展。

　　全球变暖，气候异常，我在兰州采访了中科院西北生态环境资源研究院的专家，得知西北正在经历着暖湿化，似乎是好事，但极端气象越来越频繁了。近几十年来，气候变化的规律脱离了原有的变化轨迹，气象灾害频发，真让人担忧。

西北气候变化的利与弊

在中国，哪里的气候变化最大？至少在社交媒体上，我得到的印象是西北正在发生一场颠覆认知的大变化。曾经敦煌最大的湖泊哈拉诺尔湖，干涸50年后又碧波重现；我国最大的内流河塔里木河一开春就早早涌入了流水，2021年，下游来水比上一年早了将近两个月；我国最大的内陆湖青海湖水位15年间升高2.85米，水面增加319平方千米，相当于近7个喀纳斯湖，物种更丰富，30年间仅鸟类就增加了36种。好消息接踵而至，但暖湿化也带来了叵测的天气，2021年5月，甘肃白银的越野赛就因为一场暴雨损失了20余条生命。

踏上西北大地，那里的暖湿化似乎已成定论。陕北的黄土塬、黄土梁、黄土峁之间，那些被水流冲刷出来的冲沟里长满了柠条、杨树棵子和柽柳，时不时地，灌木丛里扑棱棱飞出松鸡，跑出野兔。在河西走廊祁连山下广袤的河流冲积扇上，冰雪融水欢快地奔流着，人们把昔日的荒滩改造成良田，借助独特的热量条件，催生了大片的玉米种子基地，培育出的种子颗粒饱满，含糖量高，行销全国，为各地的粮食高产提供了坚实的基础。

西安古老的城墙上长了青苔，近几年的雨季居然频现城里看海的奇观。如果算上已经被城市扩张所涵盖的郊区，西安近10年来的降水量年均达到了700毫米，排在北方城市靠前的位置。作为对比，更靠近海洋的北京、石家庄、济南等城市的降水都不如西安丰富。1949年以来的70余年，陕西省森林覆盖率由13.3%提高到43.06%，绿色版图向北推进400多千米。

我的记者同行韩钰泽这些年常到乌梁素海去观鸟，她注意到河套地区春夏季节的暖湿现象。2021年，乌拉特前旗段黄河解封得非常早，主河道刚进3月就彻底开冻，仅剩转角和背阴处小面积残余有冰。观察了10年凌汛的人们，还没做好开始观测和预防的准备，就发现流凌快结束了。在当地生活了40年的居民注意到，开河鱼上市的时间比往年早了一周。在乌梁素海，第一波春天北归的候鸟同样出现得更早，早过在湖边长大的保护站站长的预期。

2021年7月，河套人对自己的西瓜很恼火，作为西瓜产区，干热的七八月就靠西瓜给炎炎夏日败火，这里的西瓜味道甘甜爽口，价格还低。但这年的瓜不好吃，擅长挑瓜选瓜的人也没能选出满意的瓜。由于雨水大，瓜果长势和往年没法比。这可以理解，放眼望去，整个乌拉特草原都比往常更绿一些。

在青海省昆仑山脚下的诺木洪，因为地广人稀、远离城市，也因为植被稀少、气候苦寒，曾经是关押犯人的监狱，自然条件如此恶劣，根本不用担心犯人会成功越狱。可现在大片大片的土地被开垦出来，种上了枸杞。春天，农场主们从宁夏买来一捆一捆的枸杞苗。栽种枸杞苗，为枸杞地除草，给枸杞苗剪枝，农场主们大量雇用当地人，这里的农牧民又多了一条活路。

农场主们要向土地的拥有者也就是国营农场的管理方缴纳每年800余元的土地承包和水电费用，但这些巨额的投入也挡不住人们从四面八方来这里承包土地。

西部大开发，在这里可不是一句口号，昆仑山流下来的冰雪融水滋养着土地，黑枸杞因为含有花青素，用于泡茶能泡出美丽的颜色，一度被热炒到上千元一斤，一亩地给农场主带来上万元的收入。当然，泡沫只存在一时，如今的枸杞种植已经进入常态化运营阶段，保温杯里放枸杞的传统在城市里生根发芽，农场主们靠枸杞每年获得几十万元乃至数百万元的收入。

在土地拥有者3年免租金、免水电费的鼓励下，那些曾经寸草不生的寒冷土地也得到开发，新的枸杞品种也在尝试中得以引进。一片热火朝天的西部大开发景象，在昆仑山下的荒原中发生着。但种枸杞仍旧是看天吃饭，2021年，由于枸杞结得多，农民都以为收成会好，可到了8月初，本该收获的时节果实还没着色，情况急转直下。青海的气温比宁夏低，枸杞成熟期有一个月，这本是当地农人引以为傲的生长习性，可成熟期气温升不上来，也就耽搁了果实变色。过了立秋，天气会一天比一天冷，第一茬枸杞晚收就会耽误第二茬，第三茬就别想了。农人们发起了愁。

气候变化给西北人带来的困扰是多方面的。陕北的黄土地上，农民世世代代以种植大枣为生。陕北大枣的主产区在黄河沿岸，宜川、延川以及清涧等地出产的大枣个头大、果核小，皮薄肉厚，味道也是酸甜爽口。用当地最好的狗头枣煮水，味道醇厚，香甜四溢。可枣子生长在干旱的沙质土中，这些年雨水多了，反而不利于大枣的成长，枣子的外形不再像过去那样饱满圆润，甜度也没有过去浓厚。有时候枣子卖不出去，农民只好用它喂羊，当地卖山货的商家于是把更多的精力用在宣传吃着陕北大枣长大的羊身上。

黄土高原的海拔多在1000—1500米，这是中国地形上的第二级阶梯，青藏高原的边缘地带祁连山海拔三四千米，是中国地形的第一级阶梯，气温明显又凉爽了一个梯度。7月中旬，这里的油菜花开得正盛，满山满谷大片黄色的花朵，像地毯一样装点着草原和山谷，黄色的花田与蓝天融在一起，美不胜收。但因为五六月阴雨连绵，油菜的生长推迟了，按正常季相，此时花早应该开败了。

气候条件不同，全国各地种植油菜花的时间也不一样，作为田野中特有的景观，由南到北油菜花的次第开放成就了自驾游的旅人们对大自然最美好的感知。这也是对地理学中季相和物候最好的诠释。中国最早盛开的金黄花海出现在云南的罗平，每年的2月到4月，是那里油菜花盛开的时节。而在大兴安岭腹地，油菜花竟然可以迟至8月上旬盛开。北方的油菜花因为生长期比较短，开花的时间也被压缩了，花季只有两周左右。

青海湖和祁连山的油菜花就属于高寒山地的作物。7月中旬，当我们来到那里的时候，有幸观赏到大片的花海，可对花田的主人而言，这年的生长条件并不理想。五六月间连绵的阴雨阻碍了植物的生长，开花期推迟了足足半个月。9月这里就会冷下来，生长期被压缩，收成不容乐观。当然，如果田间管理得当，油菜籽的产量或能维持。

油菜花是靠蜜蜂等昆虫传粉的虫媒花，开花推迟对依赖油菜花粉填饱肚子的蜜蜂却是致命的，低温和推迟的花期打乱了蜂农们追逐鲜花的旅行安排，如果不能及时准备食物，蜜蜂就可能饿死。实际上，类似的情况已经发生了很多次。而花期缩短势必影响到蜂蜜的产量，蜂农们叫苦不迭。

大自然是个精密的系统，环环相扣，一个环节出了问题，影响就会在其他地方显现出来。在高山草甸、草原等水热条件不是很好的地方，农民种植油菜，海拔稍微低一点，土壤肥力更高的地方，他们种植在经济上更有优势的小麦。冬小麦的种植，甚至早在前一年的深秋就开始了。小麦种子在冬日的土地里蛰伏吸收着水分，适应着土壤环境，一到春暖就发芽破土，再利用夏日的水热条件生长，盛夏时节就可以收获了。

水热条件的核心是热，地球上的主要气候带就因为光照的强度区别开来。纬度越低，太阳照射越强烈，那里的气候越温暖；纬度越高，光照条件差，温度也就越低。正是温度的差异决定了植物生长期的不同。我国的小麦主要种植在北方区域，可从南到北，小麦的收割期仍是不同的。过去小农经济条件下，季相上的差异并没有带来生产上的差别，农人们围绕着一块田地种植管理收割，时间全由自己安排。可随着机械化的介入，季相差异就有了全新的意义，专业化的农机队伍可以从南到北服务于相同的庄稼：耕地、喷洒农药、除草、收割，土地的主人可以把庄稼种植的工序全部外包出去。可遇到气候反常，阴雨连绵的天气使得南北的物候趋于一致，问题就接踵而至。

2021年小麦的收割无疑就是典型的例子，过去一亩地的收割费用多在七八十元，可在陕西和甘肃的很多地方，农人们突然发现收割机少了，麦穗金黄、谷粒摇摇欲坠，农民们苦等收割机，可收割机仿佛消失了一般。收割一亩地的价格也涨了一倍，涨到150元。有些地方的小麦开始在地里霉变了，可还是没能收割完，原因就在于南北的小麦几乎在同一时间成熟。

五千年来的气候变迁，石笋里的秘密

　　中国有严格意义的气象资料还是很晚近的事情，我国第一个气象站是北京的地磁气象台，始建于1841年，由俄国教会建立；第二家是上海徐家汇观象台，1872年由法国教会建立；第三家是香港天文台，1883年由英国政府建立。西北地区的气象记录就更晚了，绝大多数气象观测数据都是新中国成立后才有的。

　　20世纪70年代，中国气候学的奠基人竺可桢发表了《中国近五千年来气候变迁的初步研究》，通过历史文献重建了气候史，可谓震古烁今的一部气象学巨制，通过仰韶和安阳殷墟考古发掘出的动物骨骼以及甲骨文记载，他推断那时候安阳种稻子要比现在早大约一个月。后来气候在周初恶化，春秋时期的变暖都记诸文字。公元1221年，丘处机从北京出发去中亚见成吉思汗，曾路过新疆的赛里木湖，在他的叙述里，湖泊周围有山环抱，山上盖雪，倒映湖中，但是现在那些山峰上已经没有雪了。

　　竺可桢在研究报告中指出，从仰韶文化到安阳殷墟的2000年间，黄河流域温度比现在高2℃，冬天甚至高3—5℃，此后的冷暖多以一二摄氏度的幅度波动，以400—800年为周期。历史上的几次低温出现在公元前1000年、公元400年、公元1200年和公元1700年。民以食为天，古代生产力落后，粮食生产更依赖于气候，联想到几次朝代更迭，就更是如此了。

即使30年前，地理学的研究还有相当部分是经验性的、直观的，研究者到野外采集植物标本，通过在植被上放样方来统计植物种类和数量，还要带着工程铁锹，在土地上挖坑来观察土壤分层、颜色和厚度。感性观察多于定量化分析，论文报告里虽然需要用定量化的数据说话，但地理学毕竟是一种以描述为主的学问。可现在，当我走进西北生态环境资源研究院，发现这里的研究方法已经彻底"鸟枪换炮"了。

在中学里，我们学到的知识是同位素的化学性质基本相同，也就是说，在化学反应中，尽管有些同位素中子多一些或者少一些，但它们的带电性是相同的，在化学反应中起到同样的作用。但它们的物理性质的确因中子的多寡而有所不同，就拿水分子来说，如果是比较重的氧同位素构成的水分子，在水的蒸发过程中就可能落在下面，轻的水分子会更容易蒸发出来。

气候的表征，一个重要的方面就是水的蒸发和凝结循环，气候越暖湿，水蒸发凝结的循环就会越多，蒸汽中的水分子被带到大陆，以各种形式沉积在植物里，或者是山洞的石笋里。于是这里水的同位素就偏重，反之则偏轻。如此这般，氢氧同位素的结构差异，就能作为判断古代气候的证据。

碳同位素同样是古代气候环境的一个表征，冰期的时候，北半球被冰雪覆盖，热带地区干旱，森林面积锐减，大量的二氧化碳转移到空气中，通过水和大气的交换而直接影响到海水的碳同位素的组成。

植物中的碳同位素变化也主要受到温度、湿度及云量的影响。

西北研究院最近做出了一个比较重要的关于古代气候的成果，杨保研究员和他的团队通过测定青藏高原东北部德令哈的53棵祁连圆柏的树轮同位素，重建了过去6700年亚洲夏季风降水的变化，他们发现，大趋势上，这6700年降水一直是减少的。但在下降的趋势中也有所反复，公元前2000年后存在一个气候湿润且稳定的时期，正好是仰韶文化的扩张期。

西北研究院的对面是兰州大学，兰大的地理学家们通过研究洞穴里面石笋的同位素，甚至发现了朝代兴亡的秘密：在唐朝的最后60年和五代十国的前30年，元朝后期和明朝初期，以及明朝的最后几十年，亚洲季风降水极其缺乏，气候极端干旱，而北宋的前60年，亚洲季风增强。气候与经济、社会变动的联系就这样建立起来。科学家们还发现，20世纪晚期，亚洲季风区自然气候降水发生了异常，呈现出温度持续升高、季风降水逐渐减少的趋势。

类似的结果也在祁连圆柏这一中国特有的树种上得到了确认。中科院地球环境研究所研究员刘禹通过研究青藏高原上祁连圆柏现生树的年轮，并与唐朝古墓里出土的祁连圆柏的年轮相衔接，以树木年轮宽度作为温度变化的代用指标，构建了从公元前484年至公元2000年共2485年间可以代表我国中北部地区温度变化的曲线。这也是亚洲目前最长的树轮重建温度序列。科研人员发现，我国历史上的朝代垮塌几乎都与曲线图上的低温区间相对应，秦朝、三国、唐朝、两宋、元朝、明朝和清朝的灭亡年代，都处于过去2400余年来平均温度以下或极其寒冷的时期。

整体而言，过去5000年以来，我国北方地区的气候呈不断变冷、变干的大趋势。

秦岭以北，黄土高原中的一片"息壤"

　　秦岭和淮河一线是我国重要的地理分界线，秦岭山地对气流运动有明显的阻滞作用。夏季来自太平洋的湿润水汽不易深入西北，使得北方气候干燥；冬季阻滞寒潮南侵，使汉中盆地、四川盆地少受冷空气侵袭。由于对水汽的阻滞作用，秦岭南坡年平均降水800毫米以上，北坡年平均降水800毫米以下；北坡相对寒冷干燥，南坡则温暖湿润。因此秦岭也是我国亚热带与暖温带的分界线。秦岭以南河流不冻，植被以常绿阔叶林为主，土壤多为酸性；秦岭以北为著名的黄土高原，冬季寒冷，夏季燥热。秦岭可谓关系中国南北气候的山，使四川盆地成了一个比南方更南方的大暖盆。试想，假如没有秦岭，黄土高原将南扩，四川盆地可能被黄土所填满。

　　指着眼前葱郁的大山，当地人跟我描述，陕西和四川中间隔着秦岭这座大山，两边的气候就完全不一样，比如7月是西安最热的时候，四川那边就是蒸笼。

　　按理说，秦岭北边气候不好，生态也差，可为什么秦岭脚下的关中平原却成就了秦朝统一中国的霸业，西安这座十三朝古都还是唐朝以前中国最重要的城市呢？

作为地理专业的学生，旅行中我通常会用所学的知识解释所看到的地理现象。比如看到山路一边裸露出的大片的石灰页岩，我会联想到这里曾经是大海或大湖，动植物的尸体在海底一层一层地沉积下来；比如看到土壤里有大量的石块，我会联想到这里过去是河床，如果石块变成圆润的砾石，我会联想到这里是相对下游的地方，石头被水流磨蚀得比较圆滑了。

这次乘坐时速350千米的高铁途经这里，我只能从更宏观的角度观察，这一走马观花，联想到的是更大尺度的地理现象。

火车一过洛阳就进入更高的秦岭山地，北面可以清楚地看到黄河"几"字形的拐弯处，渭河就是在此汇入了黄河。黄河为什么在此拐弯，从向南流转为向东流？其实很简单，水流撞上了秦岭的华山段，这里山体巍峨高耸，全是花岗岩，即使是长江的水势也很难冲开。水往低处流，自然要折向东方。虽然前面的三门峡也是坚硬的花岗岩基底，可这里的山体要矮得多，黄河于是在相对低矮的山体间找到了向东的路径，经年累月切割出了一道峡谷。相传大禹治水，遇到阻挡的山体，他挥神斧将高山劈成"人门""神门""鬼门"三道峡谷，引黄河之水滔滔东去，三门峡由此得名。虽是历史传说，也足见大禹在治理水患的过程中尊重地形地貌，选择了更容易的导流路径。

既是斧劈而得，三门峡自然也是相当险峻的，如今大坝"高峡出平湖"，也就没有了当年的激流勇进。尤其是大坝下面著名的水中巨石"中流砥柱"，只有在开闸泄水的时候，游客才得以一睹水流奔腾、巨石当关的壮观景象。

一边是秦岭，一边是便于塑造的黄土高原，前面又是不算高却同样坚硬的伏牛山基岩，渭河水于是在这个葫芦形的土地上堆积出了八百里秦川。西安向东出山，虽有潼关、函谷关的险要，易守难攻，但关口之北的山势并非高不可攀，渭河于是塑造出宽阔的谷地。而我们知道，中国陆地上的雨水主要来自太平洋水汽，在山体间开出如此宽广的口子，水汽于是有了绝佳的通道，得以长驱直入，深入关中平原腹地，滋养着八百里沃野。

正是由于这个宽广的出口，秦人兵马得以汹涌奔袭，一统天下。随后的汉唐统治者也看中了这一片易守难攻的风水宝地。

不过，除了太平洋水汽，关中平原还拥有印度洋的水资源，这或许是出乎我们意料的。

在西安街头，我问路人对西安暴雨的感受，他们告诉我，西安天气给人印象最深的并不是夏天的雨，而是九十月间的雨水，七八月是暴雨和阵雨，秋天是连绵的雨，有点像南方的梅雨。当然没有梅雨那样阴湿。

华西秋雨并不是西安特有的现象，是我国华西地区共有的雨水现象。它主要发生在四川、重庆、渭水流域和汉水流域的部分地区，以及云南东部、贵州等地。秋雨可以从9月持续到11月，降雨强度并不是特别大，却以缠绵取胜。水汽是从高空运输而来的，每年9月以后，在5500米上空，西北太平洋副热带高压和伊朗高压之间有个低气压区域，西南气流将南海和印度洋上的暖湿空气源源不断地输送到华西，使这一带具备了比较丰沛的水汽条件。同时，随着冷空气不断从青藏高原北侧东移或从我国东部地区向西部地区倒灌，冷暖空气在华西上空频频交汇，于是便形成了华西秋雨。

就在华西秋雨的大背景下，唐代诗人李商隐写下了那句著名的"巴山夜雨涨秋池"。

甘肃，中国地理的中心和重心

从西安到兰州，先要沿着渭河溯源而上。过了宝鸡，火车又钻进山洞里，这里山高沟深，火车也倾斜着一路向上，直到天水才终于彻底钻出山洞。我们又翻越了一座大山，六盘山。

甘肃省是一个两头大、中间细长的哑铃状的省份，地处青藏高原、黄土高原和内蒙古高原三大高原的交汇地带，地形复杂。甘肃省自然环境的特殊性还体现在地理位置上，它几乎是我国的中心，特别是省会兰州就是我国陆地版图的几何中心。

我国的自然地理区域根据不同地区的自然地理状况可以划分为东部季风区、西北干旱半干旱区和青藏高寒区，而这三大自然区的交界处刚好位于甘肃，也就是说甘肃同时涉及了三大自然区。

六盘山就是一个多气候类型交汇的枢纽区域。和东西走向的秦岭不同，六盘山基本上是个南北走向的山地，在阻隔太平洋水汽上就更为直接了，山两边的气候因此有着明显的差异，东面是中温带半湿润气候，西面则是半干旱气候，六盘山因而呈现大陆性和海洋季风边缘气候的特点，春低温少雨，夏短暂多雹，秋阴涝霜早，冬严寒绵长，故而有"春去秋来无盛夏"之说。

在高铁穿行区域的南边，陇南与四川接壤，山高林密，还是大熊猫的故乡。正是花椒成熟的季节，这里出产的大红袍花椒全国驰名，是当地山民主要的收入来源，尤其对打零工的人来说，这是一年中不可多得的赚大钱的机会。花椒树上长刺，采摘不易，弄不好就要扎手，戴手套采摘又影响速度，不戴又会被花椒强烈的味道刺激，一个采摘季下来，皮肤都会溃烂，真是一个很艰难的活路。唯其艰难，农民一年中才能多赚一些钱。这些年来，山里收药材的人非常多，到山里薅艾草，一天也就赚几十块钱，可是摘花椒按斤算，一斤能算上4元，熟手一天能够摘上四五十斤，在当地算是很高的收入。

采摘花椒赚钱，其实也和自然地理的一个基本概念有关系，那就是垂直气候带，温度随着高度而降低，生长在山下的植物长得快，成熟早，山上就要慢一个季相。收获时节，山下的花椒先成熟，农人们先从山下采，一步步向上走，赚钱的周期就被拉长了。花椒树对土壤的养分要求不高，在很陡的坡地上都能生长，因此可以长满陇南的山坡，给农人们留足了采摘的时间，这也是大自然的馈赠吧。

高铁沿线的天水和定西，则是湿润向半干旱过渡的区域，两地距离不远，可自然环境截然不同，天水的山峦上长满了树木，一片绿色，定西则置身于黄土高原。过了定西，火车一路下山，飞快地奔向黄河河谷，就到了处于黄河谷地的兰州。

作为全国唯一的黄河穿城而过的城市，兰州城沿着河谷呈带状分布，城市发展空间也受到了土地制约，最窄的地方只有几千米。兰州还是全国唯一一个汽车周末也限行的城市，土地之紧张可见一斑。这些年为了拓展城市空间，兰州推山造地，又在南部离主城几十公里的地方推山造新城，向山要地，无所不用其极。既然土地如此紧张，兰州为何居然能演变为西北第一重镇？这是由它作为交通枢纽的地位决定的。清初兰州商贸发达，甘新商路和甘藏商路交会于此，这里也成了西北皮毛、药材等交易的中转站，如今也是火车进入西北的交通枢纽。

正是因为深嵌在黄河的谷地里，城市两侧是巍峨的高山，兰州气候的一大特点是经常傍晚下雨。这也可以用地理知识来解释，就是山谷风。对山谷风的研究可以追溯至1840年法国地理学家约瑟夫·福内特对阿尔卑斯山区风场的记录，简言之，一天中日照于山顶和山谷，白天山顶升温快，山谷的空气来补充，风向上吹，夜晚山谷降温慢，山顶冷空气向下吹，顶托暖湿空气，气流上升遇冷凝结成小水滴形成降水。

如果说黄河河谷里兰州的夜雨还不是很典型，青藏高原上的拉萨可谓山谷夜雨的集大成者。拉萨的雨季通常出现在每年的5月至9月，夏季的夜雨率高达80%，白天晴朗，夜里下雨，大半是因为这里的辐射更为强烈，山谷和山顶的差异更大。

"西北水塔"祁连山与河西走廊

祁连山被称为"西北水塔",因为高,山顶常年积雪;因为高,山间谷地铺满了草原,山腰针叶林绿油油地环绕其间,美景连连,也被称为"东方小瑞士"。

祁连县城所在地八宝镇坐落在山谷中,海拔2700米。从八宝镇坐长途汽车下山去河西走廊上的重镇张掖,又是一次垂直气候带的完整展示。下山之前周围是大片的牧场,山上一片一片的云杉、雪松林,过了海拔3700米的俄博岭垭口,就是一片完全不同的景色,土壤明显干燥,岩石变得破碎。我想这很可能是因为焚风。◀

祁连山偏安于青藏高原边缘,南侧是青海,北侧是

甘肃,南侧的基带是森林草原带,海拔3000米左右,北侧的河西走廊海拔1500米左右,基带是荒漠草原带。两侧的植被差异显著,除了海

拔的不同，应该还和降水量有关。水分是干旱区生态系统生产力的主要限制性因子，这里年均降水量在400毫米左右，海拔高，辐射强烈，坡向分异引起的辐射差异会导致南北坡水热差异，进而重塑植被带，使得南坡以草地为主，北坡以灌丛及森林为主。汽车飞驰下山的过程中，这种差异在观感上尤其明显。

浮想联翩之间，长途汽车出了山口，两边是大片大片的油菜花田，间或有了还没成熟的小麦田。

"你有没有注意到，咱们实际上还在下山呢？"司机问我，我才注意到道路旁边的水泥沟渠里流水正飞速向前流淌着，肯定是因为有高差才能流得这么快，每隔一段距离，向下奔腾的流水会被分水口阻挡，激起巨大的浪花，水面也陡然抬高了。司机告诉我，河流出山的地方海拔还有2000米，张掖的海拔则是1300米，有着近700米的差距，所以，出山时吹进车里的风还很凉快，可一到张掖就很闷热，得开空调了。

出山之后，道路其实非常平直，周边的田地也一望无垠地伸展开，如果不是流水的提示，你很难感觉到这是一个大尺度的坡地。但从地貌的角度看，山体的山脚部分的确应该是坡地，那是河流从山上携带的泥沙堆积出来的洪积扇。河西走廊夹在两个巨大的高原之间，高原上奔腾而下的河流在这里把泥沙沿着山脚呈扇形堆积开来，一个个洪积扇手挽手排列着，构成了河西走廊两边的主要地貌，水流汇入河西走廊的中部则形成了湿地和湖泊。从张掖边上流过的河流就是黑河，它的支流八宝河流经祁连县境内。

河西走廊有三大水系，疏勒河、黑河与石羊河，三条河流都发源于祁连山，疏勒河与黑河都在河西走廊内受到山体阻挡折向西流，在河西走廊内形成了串珠式的绿洲，唯独石羊河没有受到山体阻挡，一路向北，途经武威，流进了内蒙古的沙漠里，以一己之力滋润出一大片绿洲，这就是甘肃民勤县之所在。民勤县除南面外，三面被巴丹吉林和腾格里两大沙漠包围，之所以被称为民勤，恐怕就是因为地理环境太过恶劣，不勤快无法生存。而黑河刚下山的地方有一座城市叫民乐，命名虽是取"人民安居乐业"之意，却也因处于水源上游，隐隐地蕴含着某种优越感。

西北水塔的水源，祁连山上汩汩而出的山泉水流淌进河西走廊干旱的土地，在这里滋养出一串绿洲，绿洲连成走廊，西北腹地于是有了生机，古人逐水草而居。

张掖古称甘州，作为戈壁滩上的重要关隘，甘州得名也是因为甘峻山下甘泉流淌，在城内形成天然水泽，芦苇茂生，芦花飞舞，素有"甘州不干水池塘，甘州不干水连天"之说。即使到了近代，张掖还号称"半城芦苇半城庙，三面杨柳一面湖"。可后来，黑河尾间西居延海、东居延海也先后于1961年和1992年干涸了。

河西走廊气候本来干旱，绿洲成串全仰赖祁连山上水源的滋养，全长1200千米的河西走廊，自东向西有石羊河、黑河和疏勒河三大河流，且全是内陆河，足见这里的蒸发量之大，环境之严酷，生态之脆弱。

向当地人打听得知，这里种田打井要到160米深才能出水。可优越的光热条件还是刺激着全国各地的老板前来开荒，培育生产玉米种子。当我在返程的飞机上向下俯瞰，唯见机场边还有小片土地保留着戈壁荒滩的模样，周围大片土地都开发为滴灌土地。那些来自祁连山冰川的融水，是否能支撑如此大规模的生态水源和种植水源的需求呢？

　　至少在八宝镇，祁连县机关的小马告诉我，他小时候，对面雪山的冰雪即使在夏天也能铺展到半山腰，现在则只剩下山顶的一点残冰。

400毫米等降水量线统御下的农牧交错带

    2021年8月，我又走了另外一条路线，这条路线更靠北，沿着长城的地带，是农耕民族和游牧民族曾经抢夺地盘的路线。从北京到张家口再到大同、包头，一路向西北，在地理学上，这是一条颇为有意义的气候植被分界线，也是人口稠密与稀疏的分界线。分界线的两边资源分布悬殊，环境显得尤其脆弱，气候上的风吹草动不仅影响地理环境，也与人类的生存攸关。

    我从北京出发，向北翻越居庸关长城进入延庆盆地，再沿着桑干河谷一路向西北，这也是北京的母亲河——永定河的上游流域。因为出山之后海拔落差很大，河道比北京城高，永定河历史上多次泛滥，曾经北京和天津的低洼区域，一到汛期就是一片泽国，取名"永定"，表达了人们希望能有效治理它的愿望。

    在延庆盆地，一座大型水库横在北京和河北之间，这就是为根治永定河水患而修建的官厅水库。官厅水库在我国水利史上地位特殊，是新中国成立后修建的第一座大型水库，曾几度作为北京的水源地而存在，又因为水污染而不得不放弃。这里的设计库容达到41.6亿立方米，可惜水库建成后，上游来水却越来越少，从1959年到2012年，官厅水库入库水量减少近99%，十几年前，水库里竟只有1.1亿立方米的水。过去经常泛滥的永定河也断流了二十余年。为了给官厅水库补水，人们甚至从黄河调水，以山西万家寨水库的水源补给桑干河，对于极度缺水的北方，那是一种极度无奈的选择。黄河水本来就少，还要提升将近400米才能够调到桑干河流域。幸好这些年北方雨水多起来，这一费力的调水才不必经常实施。

官厅水库所在的河北怀来有"沙城"之称，"沙"的来源并非风沙，而是源于明代时建设的多座抵御游牧民族的城堡，城堡用三合土筑就，俗称为"沙堡子"。但这里也是著名的葡萄酒产地，由河流冲击层积成的沙壤土质和浅山岳陵区黄土土质适宜葡萄生长，当然，也可以想见大风之下漫天黄沙的景观。因此，这里是北京面向大西北的最后一道生态屏障。

在桑干河冲出的谷地两边是巍峨的高山，中间的谷地宽广平阔，不过除了钻天杨笔直高耸以外，其他的树木都是很低矮的，这让我想起30年前去大同实习时，当地人形象地将这些树木称为"老头树"，以形容树木长得七扭八歪、干干瘦瘦。这不难理解，汽车过河北阳原后，道路两边的冲沟变得非常深而陡峭，显露出黄土高原的土壤特征，而黄土的特性是保水性差，这里又是高原，水流侵蚀作用严重，土壤本身是极度缺乏营养的。

北京以北的山地和高原，历来被当作消夏纳凉的避暑胜地，冬天却是长风呼啸，来自西伯利亚的冷风劲吹，其气候气象特点是有地理原因的。这里是华北平原与内蒙古高原的接合部，地势在很短的距离内陡然上升了上千米，水流于是切割出大大小小的河流沟谷，也形成了连绵的山地。人类正是利用这些沟谷冲积出来的相对平缓的土地建设道路，实现了高原与平原之间的交通。

往西北到张家口再折向西南，全程300多千米，来到与北京同纬度却寒凉得多的古城大同。在地貌上，大同盆地对农耕民族是一个有着重要意义的存在，它三面环山，唯有东向与阳原盆地连接，如同一个大滑梯，一马平川就滑到北京的边缘八达岭脚下，这极大地方便了游牧民族南下劫掠。当明朝定都北京，大同的作用就更为突出了，这里成为抵御游牧民族侵扰的第一道防线。过去坐火车路过，我总惊异于铁路沿线一座座严整高大的城堡，原来这就是明代为了巩固边疆建立的边防七十二城堡。这些城堡保卫着京师，也见证了诸如土木堡之变中，明英宗朱祁镇被瓦剌军队俘获的重大历史时刻。这一路上我穿梭在塞内塞外，昔日农耕民族与游牧民族的攻防前沿，早被历史的进步磨蚀得不那么棱角鲜明了。

大同下辖位于山西和内蒙古交界的右玉县是绿坡相连、绿玉滚滚的世界。山坡上油松、马尾松和樟子松连成了片，低洼处杨树、榆树和柳树排成了行，林间草地错落，小灌木散落在路边，一派生机盎然。按理说，这里还算不上原始森林，但次生林已经发展得种群丰富，是一种颇为高级的生态环境了。而几十年前这里的光景还是"一年一场风，从春刮到冬。白天点油灯，黑夜沙堵门。风起黄沙扬，雨落洪成灾"。右玉县处于毛乌素沙漠的风口地带，逆转生态环境靠的是锲而不舍的"右玉精神"。

右玉的自然条件，在我国的气候带上并不特殊。400毫米等降水量线是中国一条重要的地理分界线，大致经过大兴安岭—张家口—兰州—拉萨—喜马拉雅山脉东部，这条等降水量线是半湿润与半干旱

TIP
胡焕庸线

　　这是一条描述我国人口密度的对比线。1935年，地理学家胡焕庸提出"瑷珲—腾冲线"，即自黑龙江瑷珲（现黑河市）至云南腾冲画一条与纬线约成45°的直线。因为高度概括且有现实意义，也称为胡焕庸线。它首次揭示了中国人口的分布规律，直线东南半壁36%的国土供养了全国96%的人口，西北半壁64%的土地仅供养4%的人口，二者平均人口密度比为42.6∶1。

区、森林植被与草原植被的分界线，与**胡焕庸线**大致重合。右玉刚好落在这个分界线上，年平均降水量约为410毫米。因此，这里的植被能够从荒漠或草原状态恢复到森林，是有着水资源基础的。

　　400毫米等降水量线一边半湿润，一边半干旱；一边是森林，一边是草原；一边是农耕，一边是游牧；一边人口密集，一边人烟稀少。截然不同的景象，可谓是地理环境决定论的一个生动注脚。

　　地理环境决定了400毫米等降水量线内我们的祖先男耕女织，要牢牢地守着一亩三分地生活，而塞外游牧民族则在"天苍苍野茫茫"间信马驰骋。在农区的边界地带，自战国时期中原人民就开始建设长城，防御游牧者"打一枪换一个地方"式的掳掠。秦朝统一中国后，把各地散乱的长城连接在一起。到了明朝朱元璋推翻蒙古人的统治，把北元残部赶到了遥远的大漠，明代统治者又征调民夫大举修筑长城。"左云右玉"四个字里就蕴含着当地四个卫所的名字，左云是大同左卫和云川卫的简称，右玉则是大同右卫和玉林卫的简称。两个美好的名字，与它们所处的地理位置直接相关。

　　右玉与内蒙古接壤的长城关隘，即"走西口"路上的重要关口杀虎口的所在。杀虎口原名杀胡口，一望便知是农耕民族和游牧民族激烈争斗的战场，清人掌国后犯了忌讳，才改名杀虎口。杀虎口两侧高山对峙，地形险峻，两山之间是开阔的苍头河谷地，自古便是南北重要通道，也是历史上的重要税卡，作为中原与内蒙古、新疆，以及北方俄国贸易的必经之路，政府在这里设立了税卡，日进斗金。明清时期，杀虎口还成为晋商的发源地和主通道。

1868年至1872年，德国地理、地质学家李希霍芬曾在中国进行了7次考察活动，他是近代中国地质学的奠基之人，最先提出了"丝绸之路"的概念。他认为黄土高原原始天然植被是草原，我国著名的地质学家丁文江也于20世纪30年代提出黄土高原上的原始天然植被应为草原。近当代开创黄土高原植被研究的是著名的历史地理学家史念海先生，他提出黄土高原森林说，即历史上的黄土高原有大量森林分布，并存在显著演变过程。不过，对于黄土高原历史上的植被，草原说，稀树草原、疏林灌丛草原说和森林说的拥护者一直各执一词，并未形成统一的认识。

右玉虽未处于黄土高原的核心地带，但造林的成功至少从环境的潜能上告诉我们，黄土高原的植被恢复具备生态学基础。

在右玉植树当然也有先天的优势。它背靠大同盆地，面向敕勒川草原，不远处即是黄河的一条支流浑河。浑河的支流苍头河从右玉流过，苍头河谷地的树木长得尤其茂密。但苍头河的阶地乃至远离河道的地方树木都远比周边旗县茂密，还是说明了事在人为和环境保护的重要性。

"走西口"与"黄河百害，唯富宁夏"

对植物生长来说，2021年的气候条件并不好。在当年走西口的山西人中流传着这样一支小曲："河曲保德州，十年九不收，男人走口外，女人挖野菜。"山东人听了这支曲子，往往感到困惑，怎么我们德州人也走了西口，我们的传统是闯关东啊！其实这是不了解山西的地名引发的误会。黄河在内蒙古的托克托县拐了弯，一路向南，河水在黄土高原上切割出深深的峡谷，成为陕西和山西两省的天然分界线。河曲和保德就是山西这边的两个县。

保德的老乡告诉我，2021年是个歉收年，整个伏天没下一场透雨，偶尔有零星小雨，地皮湿了，但水分够不着庄稼的根，等于没下。保德县隶属于忻州，忻州又是全国"杂粮之都"，燕麦、荞麦、藜麦、小米、黄米、糜米种植面积和产量都在全国靠前，可如今这里的杂粮作物很多都旱死了。

"黄河里的水能帮得上忙吗？"我问。老乡说："那哪儿能够得着。"的确，以这里的地质特点，自第四纪也就是约260万年前以来，黄土高原所在地区的地壳一直以抬升作用为主。地面抬升，水流切割黄土，这里的黄河水面比周边的黄土塬、黄土梁低出了很多。后来我在两边的大山上行走，更感到黄河水的"可望不可即"。

"六月立秋，两头不收。"熟稔二十四节气的农人们对2021年的天灾似乎早有心理准备，这年的立秋日是公历8月7日，按农历算是六月廿九。可关于立秋节气，还有"公秋扇子丢，母秋热死牛"的说法，意思是立秋分"公母"，立秋的农历月份为单数视作"公秋"，月份为双数视作"母秋"，2021年农历六月立秋，秋老虎似乎要发威。然而并没有，这年的秋天颇为凉爽，可见民间对节气的认识并不完全可靠。

站在立秋的时间节点，陕北高原及周边地区农人们的内心却是凉飕飕的，看不到太多收获的希望。此前连续两年风调雨顺，2018年，黄土高原甚至降下了近些年少有的雨水，榆林当年的降雨量达到了700毫米。陕北黄土高原的植被恢复真是有如神助，毛乌素沙漠几乎要消失了，环境发生了翻天覆地的变化，人们感谢治沙模范们的辛苦劳作，也感谢气候湿润化。

可这两年，人们不再赞美老天爷，气候变化的好运气似乎转到别处去了。2020年夏天，这里曾有地方连续两个月没下过雨，2021年就是大面积的干旱，每走到一处听到的都是缺水的消息。在榆林，黄河一级支流皇甫川、清水川、佳芦河断流，二级支流大理河断流，无定河、秃尾河等重要河流因中上游水库放了水才未出现断流。走到榆林街头，燥热的空气蔓延着，洒水车刚过去，路面又干了，水雾车则在市区内走走停停，向空气中喷射着水雾。

起初我还以为喷水喷雾是榆林独有，后来在西北的其他城市也看到了类似操作，可见干燥是这里生活的一部分，居民早已形成固定的应对方法。

人种天收，农民靠天吃饭，在黄土高原尤其如此。2021年春天雨水充沛，农民们早早地种下了玉米，土壤墒情之好给了庄稼人一个特别好的信号，常年撂荒的土地也被垦殖出来。可到6月，玉米都长到半人高了，预料中的雨水没有来，太阳暴晒之下，玉米苗被晒干，就连低洼处的树木叶子都枯黄了，就像提前进入秋天一样。春天时寄予厚望的投资，种子、肥料和农药，还有除草的费用一下子化为乌有。

按照历史学家黄仁宇的看法，这里的气候条件和水文状况是相对恶劣的。由于盛行大陆性季风气候，这片大陆上的降雨主要集中在夏季，并且是在时间较短的汛期内。季风气候并不稳定，降雨主要发生在西北风和东南风相遇的锋面上，这就更增加了特定地区降雨的不确定性。旱和涝在这片广袤的大陆上几乎是常态，故而就有了贾谊《论积贮疏》（见于《汉书·食货志》）里的说法，"世之有饥穰，天之行也"。

无论古今，农人们无时无刻不在和天气做着斗争。《孟子》里面提到治水有11次之多，秦始皇统一中国之后，他称颂自己的碑文里就有"决通川防"的字眼。黄河水患频繁，治理起来是一项浩大的民生工程，客观上就要求有统一的应对，这也是中国两千年来大多数时间都以统一的形式存在的原因。

黄土高原的生态之所以脆弱，主要是因为这里处在气候的过渡带，气候变化无常，一块云彩一场雨，隔着个黄土梁雨水都可能大不相同。而气候的差异很大程度表现在年度之间，因为东亚季风气候的独特性，这里干湿波动明显，降水变率在25%以上，干湿波动幅度大于温度变化幅度。干湿条件成为区域农牧业生产的限制因子。

当天上的降水不能稳定供给，反而是地表径流给了农人们以生活保障。当山西的饥民走出农业区域进入传统牧区时，其实并不是要融入牧人"天高任鸟飞"的游牧生活。就如同我过了杀虎口所见到的，内蒙古的黄土高坡上种植了远比山西多的庄稼，那些玉米田一望无际，远比山西那些随山就势平整出的一条子、一道子的小块玉米地有气势。内蒙古高原平缓而空阔，更适合现代农业垦殖的一面表现了出来。有了现代农业的加持，无论是玉米的种植，还是土豆的大规模种植，甚至南瓜等蔬菜用经济作物，都在广阔的草原上找到了操作空间。

沿着黄河"几"字弯的最上一横，我一路向西，虽然这里的气候明显变得干燥，田间地头高大的乔木越来越少，可玉米地还是广袤连片。到了包头这座走西口的主要节点城市，黄河水流淌灌溉着河套平原上的玉米地，你就更能感悟当年山西人走西口是来对了地方。

走西口是中国近代史上最著名的三次人口迁徙之一，从明朝中后期至民国初年400余年间，山西、陕西百姓或逃避战乱，或跟随清军西征准噶尔，或寻求生计来到内蒙古。垦荒、挖煤、拉骆驼、做生意，无所不能，在晋商的经营下，包头逐渐形成了西北皮毛交易的市场，当地蒙古族亦逐渐改变游牧生活，将土地出租给走西口的汉族耕种，农耕文化逐渐代替游牧文化成为黄河沿线的主流文化。

"黄河百害，唯富宁夏。"宁夏一带是黄土高原上少有的地质沉降区域，黄河带来的泥沙在此处沉积下来。从兰州奔流而来的黄河被贺兰山脉阻挡，堆积形成广阔的中卫和银川平原。银川附近土地平坦，面积广阔，两千多年前，古人已经知道可以利用黄河水自流灌溉，黄河流经宁夏500多千米的河段把这里变成了"塞上江南"。宁夏能种稻谷，且颇负盛名，这似乎有悖于我们对塞外的认知，其实早在上千年前，《宋史》中就有"其地饶五谷，尤宜稻麦。甘、凉之间，则以诸河为溉……岁无旱涝之虞"的记载。

农牧交错地带，种植农产品的限制性因素是水，有了黄河水，一切都变得顺理成章了。黄河岸边还有"黄河百害，唯富一套"的说法，这里的"一套"指的是黄河的河套平原。所谓"河套"，是指河流弯曲成大半个圈的河道，亦指这样的河道围着的地方。

广义上，自黄河进入宁夏再在内蒙古转折向东，整个"几"字弯的上缘部分都可以称为河套，明代历史上也是这样定义河套的。到了近代，人们对河套平原的划分更为精细，一般分为青铜峡至宁夏石嘴山之间的银川平原，又称"西套"，和内蒙古部分的"东套"。有时河套平原仅指东套。东套又分为"后套"和"前套"，包头就处于二者的交汇点上。而"后套"指的是黄河流入内蒙古后在磴口和巴彦淖尔一带形成的广阔的冲积平原，既是内蒙古的粮仓，也是名副其实的"塞上粮仓"。这里之所以有黄河灌溉的地利，还是因为一次黄河改道。

历史上，河道在"几"字弯左上角也就是巴彦淖尔一带，有一个"套中套"，黄河在这里分成三股向东流，最北端的乌加河水量最多，是事实上的干流。可在清代道光三十年即1850年，随着乌兰布和沙漠不断向东侵入，乌加河被沙子掩埋，黄河不得不改道，从磴口东去的南支成为黄河干流。黄河虽然改道，地势上西南高东北低的事实却没有改变。出生于1852年，曾随父亲走西口的王同春发现了这件事，1881年他开始借钱凿渠引黄河水浇灌，在后套自行开大渠5道、支渠270多道，可灌水田7000多顷、熟田27000余顷，又受清政府委托开凿永济渠，该渠为后套第一大渠。

今天，无论老城市街头还是开发区的土地上，我们经常看到工程技术人员在进行水准测量，以测定两点的高度差距。而在170年前，国人还没有大地高程的概念，以至于黄河改道30年后，才有当地农人凭着直觉发现水流的秘密。

后记
和橙子一起学地理

放了寒暑假，我出差通常都得带上橙子，双职工家庭，除了带在身边，也没别的办法。有一次，我带着橙子从南阳去襄阳，坐的是火车。铺位对面是一位壮汉，光着脚，在冬天的列车上颇为显眼。他几乎没寒暄就对我打开了话匣子——他的大儿子已经初三了，还有一个未出生的孩子，预产期是3月份，还有不到两个月。老天，我还来不及恭喜，他又急切地说下去，他离婚后又再婚，总算遇到了三观相同的女人。

然后是他爸爸的故事：家乡闹饥荒，听人家说新疆能活命，带着一篓子咸鸡蛋就上了火车，那时候从河南到新疆得走十几天，火车上不供应水，咸鸡蛋吃得嗓子冒火。下了火车，兜里没钱，直奔招工的地方。排到招司机的队伍，排了一整天马上就要轮到，这个队伍却关闭了。饥寒交迫，赶紧冲到另外一个队伍，当了养路工，去修新藏公路。然后，回到家乡，成了亲。

后面就是他自己的故事。他在油田上做事，做安全培训，有一次，中石化在四川打井，井下喷出了硫化氢，硫化氢比空气重，容易聚集在低地。当时所有的人都没有意识到问题的严重性，灾难就发生了。盆地里的村子一下死了200多人，这是中石化历史上最严重的一次事故，所以现在安全培训非常严格。

他盯着橙子，给我讲他的育儿经验，火炉效应和破窗效应。"教育孩子和油田上的安全培训是一个道理。"他说。

他的新妻子也有一个儿子，考试排全年级前十名，拧不过孩子的请求买了个手机，孩子躲在被窝里彻夜玩，成绩落到了年级后十名。一次玩手机被他妈妈逮住，抓起来就摔，碎成八块。

"孩子辜负了你的信任，就要让他付出代价，这就如同火炉，碰一下就长记性了。这就是火炉效应。"

我无言以对。橙子还在默默玩着他的游戏。是的，他这样沉迷于手机我也发愁，却没有这位油田上的爸爸那样的执行力。于是，我在想，在他的成长中我能做什么呢？

我重拾对地理的兴趣，主要是因为橙子。他到了"十万个为什么"的年纪，经常会问些稀奇古怪的问题，比如看了《流浪地球》他会问什么是氦闪。更多的时候问的是身边的问题，为什么猫从高处跳下来一点儿事都没有，为什么自热米饭加热袋喷出来的气体能点燃，为什么有地震，为什么海边有沙滩之类的。

我承认我不会管理，他玩手机我束手无策。可每当他提出问题，显示出好奇心，我会想尽办法回答，因为这也满足了我的好奇心。

于是我们就一起学习。这种学习往往是从不那么科学，却可以让孩子很快理解的办法展开的。当然，这就需要抽象和归纳，在这个过程中，经历了头脑风暴的我对过去所学也有了新的认识。

橙子看的一本书提到一种现象，水星正在缩小。水星是离太阳最近的一颗类地行星，个头比地球小得多，密度相差无几，也就是说，这是一颗含铁量非常高的行星。在思考这个问题之前，我只知道这些信息。应该怎么理解这件事呢？我想起物质固液态之间的转换，水变冰体积会变大，可大多数物质从液体变为固体体积是缩小的，铁便是如此。于是这个问题迎刃而解了，原来，水星的缩小就像一个橙子失去了水分，干瘪之后表皮变得褶皱。既然水星在漫长的演化中存在这样的一个过程，其他的固态天体是否也如此呢？比如火星，比如月球。于是赶紧去查资料，还真是这样，随着内部冷却，月亮也正在缩小，在过去的几亿年中，月亮"变瘦"了大约150英尺（46米）。这是NASA的一项研究成果。

月球的收缩经常性地引起月震，那地震是否由地球的收缩引起？于是我又进一步去探究，发现了大哲学家康德关于潮汐力阻碍地球自转的思考，还学到了大地质学家李四光的地质构造理论。在学习和思考的过程中，居然还发现了李四光的历史局限性，这对我可真是一次刻骨难忘的自学经历了。

对于如何管教孩子我的确不在行，可因为有了孩子，我获得了一次全新的学习体验，真是妙不可言。人过五旬，身体和精力都是在走下坡路的，经常感到力不从心，比如跑步，现在勉强能和11岁的孩子跑得一样快，用不了两年就会被他超过。注意力也是这样，如果没有一个小孩在身边做参照，你可能意识不到自己温水煮青蛙一般的渐变。可现在，有一个稳步长高的标杆在身边，就会有意识地去蹦跶一下，自己也成长一点儿，拖缓时间的脚步。橙子的奥数补习班一节课得200多元，既然如此，我为什么不把自己过去学的数学找回来呢，于是跟他一起做奥数题。终于把题目解出来的时候，那种感觉仿佛是返老还童了。至于自己的老本行自然地理，也在不断的行走中和孩子切磋起来。

国内的地理教学在初中、高中都偏重文科，大学却是理科内容。早期学的地理以知识为主，记地名、看地图、学方位、背植物带和气候带，都得靠背，小孩子容易厌烦。可如果亲身经历了，就会感到亲切，所以有机会，我出门都得带着橙子。虽然路上他一大半的精力都放在手机上，可一个个地方走下去，天有阴晴、地上河流山脉扑面而来，周边变化的环境时时刺激着感官。孩子的记忆能力更强，有一次听采访对象讲解青海美食"狗浇尿"，我没记住，一边看似漫不经心的他却记住了好几条。

旅游行程中，家长往往希望孩子多长见识，多学到知识点，当然我也希望如此，可经过几次旅行，我发现世易时移，孩子们已不再是我们小时候那种孤陋寡闻的情形，他们要得到地理知识，其实不用"填鸭式"的学习，有了初步感受，不知不觉中便会唤起思考追问。

那些我们习见宿闻的现象背后的本质、原理，是好奇所在，也是创造所在。风电的大风车为什么都是朝一个方向转？平原上的河流为什么曲里拐弯？不论对大人还是孩子，当我们注意到这些问题的时候，就有了求知的动力。

这才是学习的本质吧，我想。

《不一样的中学》

贾冬婷 等 著

这不是一本严格意义上的留学择校指南，它解决的是选择之外的种种困惑。打开它，了解英国的公学传统、美国的博雅理念、芬兰的教育奇迹和未来学校的创新可能。

《万万想不到的地理》

邢海洋 著

《三联生活周刊》资深主笔的地理科普"亲子书"，以新闻媒体人的敏锐、地理专业的视角、实地考察的见闻，从4个维度、41个问题出发，揭示现象背后的惊奇，解答孩子的地理之问。

《前沿答问：与14位物理学家的对话》

苗千 著

脱胎于《三联生活周刊》科学专栏"前沿"，看资深主笔与多位诺贝尔奖得主、顶尖物理学家的15篇对话，了解当今科学研究的前沿在哪里、科学思维应该怎样。